少儿科技常识
早知道

宇宙奥妙大揭秘

郭　珣/编

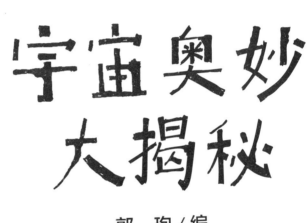

远方出版社

图书在版编目（CIP）数据

宇宙奥妙大揭秘 / 郭珣编. -- 呼和浩特：远方出版社，2022.12
（少儿科技常识早知道）
ISBN 978-7-5555-1580-7

Ⅰ.①宇… Ⅱ.①郭… Ⅲ.①宇宙－少儿读物 Ⅳ.
①P159-49

中国版本图书馆 CIP 数据核字(2022)第 240848 号

宇宙奥妙大揭秘
YUZHOU AOMIAO DA JIEMI

编　　者	郭　珣
责任编辑	孟繁龙
封面设计	宋双成
版式设计	圆　方
出版发行	远方出版社
社　　址	呼和浩特市乌兰察布东路 666 号　邮编 010010
电　　话	（0471)2236473 总编室　2236460 发行部
经　　销	新华书店
印　　刷	保定慧世源印刷有限公司
开　　本	787 毫米 × 1092 毫米　1/16
字　　数	132 千
印　　张	11.5
版　　次	2022 年 12 月第 1 版
印　　次	2023 年 1 月第 1 次印刷
印　　数	1— 5000 册
标准书号	ISBN 978-7-5555-1580-7
定　　价	29.80 元

如发现印装质量问题，请与出版社联系调换

前言

据西汉的《淮南子》记载："往古来今谓之宙，四方上下谓之宇。"

广义的宇宙是万物的总称，是时间和空间的统一。狭义的宇宙是地球大气层以外的空间和物质，宇宙航行就是在大气层以外的空间航行。

宇宙由众多天体组成，是有层次结构的、不断膨胀的、物质形态多样的、不断运动发展的天体系统，可以分为太阳系、银河系、河外星系、星系团等等。在宇宙中，地球是目前人类所知唯一有生命存在的星球。

地球是包括人类在内的生物的家园，它是我们的衣食来源，是我们生存的根基。我们生活在地球上，不仅要建设好我们的家园，还要了解地球与宇宙天体之间的关系，关注宇宙的发展变化。

《宇宙奥妙大揭秘》介绍宇宙的起源、年龄、大小、形状、温度、运动变化、层次结构、宇宙中各天体的特点以及人类对太空的探索成果和天文学家的卓越贡献。小朋友，赶快阅读《宇宙奥妙大揭秘》吧，没准你就是未来的宇航员或天文学家哟。

目 录

第一章 宇宙的奥秘

第二章　盘点太阳系

第三章 太空大揭秘

漫画人物介绍

聪聪

聪明伶俐，喜爱阅读，知识丰富，能排忧解难，具有领导能力。

丽丽

美丽自信，特爱美，喜欢穿漂亮的公主裙，古灵精怪。

乐乐

天真，活泼，可爱，贪玩，爱睡懒觉，喜爱美食，喜欢与笨笨熊打趣，是大家的开心果。

笨笨熊

憨厚，可爱，爱吃蜂蜜，经常由于自己的无知而闹出笑话。

小虎

虎头虎脑，喜爱武术，经常运动健身；坚强，勇敢，极富正义感，喜爱打抱不平。

第一章

宇宙的奥秘

你知道宇宙的起源吗

nǐ zhī dào yǔ zhòu de qǐ yuán ma

万物都有自己的起源，我们要了解宇宙的发展变化，就要先弄清宇宙的起源。据说宇宙是在过去有限的时间前，由一个密度极大且温度极高的状态经过大爆炸产生并演化，经不断膨胀达到今天的状态的。宇宙从极小的点诞生了时间和空间、质量和能量，由物质小微粒聚集成大团物质，最终形成了星系、恒星和行星等天体。

小提示

在大爆炸前宇宙中没有物质和能量，也没有生命。

yǔ zhòu de nián líng yǒu duō dà
宇宙的年龄有多大

万物都有生有灭、有始有终，宇宙也不例外。根据树的年轮可以知晓它的年龄，人和动物也有自己的寿命和年龄。按照大爆炸理论，宇宙是150亿年前从温度和密度都极高的状态中由一次"大爆炸"产生的。根据模型推算，宇宙的年龄约为138.2亿年。

小问号

小朋友，你知道宇宙的年龄吗？

shén me shì yǔ zhòu dà bào zhà
什么是宇宙大爆炸

1927 年，勒梅特首次提出宇宙大爆炸理论，认为宇宙起源于 100 多亿年前。在宇宙诞生最初，大爆炸后的一瞬间时空在不到 10^{-34} 秒的时间里迅速膨胀了 10^{78} 倍。

小问号

小朋友，谁提出了宇宙大爆炸理论？

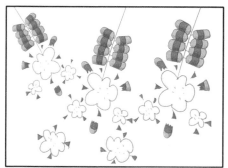

新年到，放鞭炮，真热闹！

哎呀，吵死人啦！

我的耳朵都快被吵聋了。

鞭炮声简直就是震天响啊，天都快要塌啦。

可可，我还以为要经历宇宙大爆炸呢。

什么？宇宙大爆炸？难道要到"世界末日"了吗？

哈哈，恰恰相反，宇宙大爆炸不是"世界末日"，而是宇宙的起源。

难道宇宙是大爆炸之后才产生的？

宇宙最初是个小火球，它是从温度极高的状态中由一次大爆炸产生的。

放鞭炮不但很危险，而且会污染空气，因此国家提倡环保，少去放鞭炮。

宇宙到底有多大

yǔ zhòu dào dǐ yǒu duō dà

世界上的万物都有自己的大小，宇宙在做加速膨胀运动，它已经膨胀了138.2亿年。众所周知，光速约每秒钟 3×10^8 米，从宇宙大爆炸起流逝时间是137.5亿年，在整个宇宙历史，光可以行驶137.5亿光年。2020年，天文物理学家计算出可观测的宇宙半径是465亿光年，最终限度可能是620亿光年。

小问号

小朋友，你知道宇宙有多大吗？

yǔ zhòu shōu suō le huì chǎnshēng
宇宙收缩了会产生
shén me hòu guǒ
什么后果

弹簧既能拉伸又能收缩，气球既能膨大又能缩小，宇宙膨大后也会缩小吗？天文观测表明宇宙在做加速膨胀运动，也就是说宇宙膨胀得越来越快了。宇宙是时间和空间的统一。英国天文物理学家史蒂芬·霍金认为现在的宇宙不断膨胀，时间在正常流逝，如果宇宙收缩了，那么时间将会发生倒流。

小问号

小朋友，如果宇宙收缩了，时间将会发生什么变化？

yǔ zhòu bāo hán suǒ yǒu wù jiàn hé shì jiàn　　yǔ zhòu shì shén me xíng zhuàng de

宇宙包含所有物件和事件,宇宙是什么形状的?

zhōng guó

中国

guān yú yǔ zhòu de xíng zhuàng　zhōng guó gǔ rén céng tí chū le gài tiān shuō

关于宇宙的形状,中国古人曾提出了盖天说、

hún tiān shuō hé xuān yè shuō

浑天说和宣夜说。

yī gài tiān shuō

一、盖天说

gài tiān shuō qǐ yuán yú yīn mò

盖天说起源于殷末

zhōu chū rèn wéi tiān yuán rú zhāng

周初,认为"天圆如张

gài dì fāng rú qí jú tiān yuán

盖,地方如棋局",天圆

dì fāng qióng lóng zhuàng de tiān fù gài zài zhèng fāng xíng de dì shàng dàn yuán gài xíng

地方,穹隆状的天覆盖在正方形的地上。但圆盖形

de tiān yǔ zhèng fāng xíng de dì biān yuán wú fǎ wěn hé yòu yǒu rén tí chū tiān dì

的天与正方形的地边缘无法吻合,又有人提出天地

bù xiāng jiē xiàng dà sǎn gāo xuán zài dì shàng dì de zhōu biān yǒu bā gēn zhù zi

不相接,像大伞高悬在地上,地的周边有八根柱子

zhī chēng tiān dì de xíng zhuàng rú dǐng bù wéi yuán qióng xíng de liáng tíng

支撑,天地的形状如顶部为圆穹形的凉亭。

小问号

小朋友,盖天说认为宇宙是什么形状的?

wǎn qī gài tiān shuō tí chū tiān shì qiú qióngzhuàng dì yě shì qiú qióngzhuàng

晚期盖天说提出天是球穹状，地也是球穹状，

liǎng zhě jiān jù wàn lǐ běi jí wèi yú tiān qióng de zhōngyāng rì yuè xīng chén

两者间距8万里，北极位于天穹的中央，日月星辰

rào zhī xuán zhuǎn bù xī rì yuè xīng chén de chū mò shì tā men yùn xíng shí yuǎn

绕之旋转不息。日月星辰的出没是它们运行时远

jìn jù lí biàn huà suǒ zhì lí yuǎn le jiù kàn bu jiàn lí jìn le jiù néng kàn jiàn

近距离变化所致，离远了就看不见，离近了就能看见。

小问号

小朋友，晚期盖天说提出天和地是什么形状的？

· 9 ·

二、浑天说

浑天说最初认为地球不是孤零零地悬在空中，而是浮在水上；后来又认为地球浮在气中，有可能回旋浮动，这是地动说的先河。浑天说认为全天恒星都分布在一个"天球"上，日月五星附在"天球"上运行，这与现代天文学的天球概念十分接近。浑天说比盖天说进步，认为天不是一个半球形，而是一个圆球，地球在其中，如同蛋黄在鸡蛋内一样。

张衡的《浑仪注》中记载："浑天如鸡子。天体圆如弹丸，地如鸡子中黄，孤居于天内，天大而地小。天表里有水，天之包地，犹壳之裹黄。天地各乘气而立，载水而浮。"浑天说并不认为"天球"是宇宙的界限，认为"天球"之外还有别的世界，张衡曾提出了"宇之表无极，宙之端无穷"的无限宇宙概念。

小提示

张衡发明了浑天仪、地动仪，被誉为"科圣"。

三、宣夜说

按照盖天说、浑天说的理论，日月星辰都有依靠，要么附在天盖上，随天盖一起运动；要么附在鸡蛋壳式的天球上，跟着天球东升西落。宣夜说主张"日月众星，自然浮生于虚空之中，其行其止，皆须气焉"，创造了天体漂浮在气体中的理论，认为天体包括恒星和银河都由气体组成。这和现代天文学的结论有一致性。

《晋书·天文志》中记载："天了无质，仰而瞻之，高远无极……日月众星，自然浮生虚空之中，其行其止，皆须气焉。"宣夜说认为天并没有一个固体的"天穹"，而是无边无际的气体，日月星辰就在气体中飘浮游动，是一种朴素的无限宇宙观念，认为宇宙无边无涯，广袤无垠，空间无穷大。

公元前7世纪，巴比伦人认为天和地是拱形的，地被海洋环绕，中央是高山。

古埃及人把宇宙想象成以天为盒盖、地为盒底的大盒，大地中央是尼罗河。

古犹太人认为地球是宇宙的中心，周围绕着一圈星球，再往外寥落分布着其余天体。有一个静止的天球存在，内部星球各居其位，转动不止。

公元前6世纪，古希腊人毕达哥拉斯认为一切立体图形中最美的是球形，主张天体和大地都是近似球形的。这在16世纪初被麦哲伦的环球航行所证实。

宇宙常识大测试

小朋友,你了解宇宙吗?你知道宇宙的基本常识吗?赶快填空完成下面的练习吧。

1.宇宙起源于( )。

2.宇宙的年龄大约是( )。

3.宇宙的半径约为( )。

4.宇宙大爆炸之后的一瞬间,时空迅速地发生了( ),天文观测表明我们的宇宙在做( )运动。

5.宇宙收缩后会发生( )现象。

6.宇宙的形状是( )的。

填空题

15

yǔ zhòu shì yǒu céng cì jié gòu de bú duàn péng zhàng de tiān tǐ xì tǒng
宇宙是有层次结构的、不断膨胀的天体系统，

tā de céng cì jié gòu shì zěn yàng de ne
它的层次结构是怎样的呢？

tài yáng xì
太阳系

xíng xīng jí qí wèi xīng ǎi xíng xīng xiǎo xíng xīng huì xīng hé liú xīng tǐ
行星及其卫星、矮行星、小行星、彗星和流星体

wéi rào zhōng xīn tiān tǐ tài yáng yùn zhuǎn gòu chéng le tài yáng xì
围绕中心天体太阳运转，构成了太阳系。

yín hé xì
银河系

tài yáng xì wài cún zài qí tā xíng xīng xì tǒng zài qíng tiān de yè wǎn
太阳系外存在其他行星系统。在晴天的夜晚，

kě yǐ kàn jiàn tiān kōng zhōng yǒu yì tiáo bái sè guāng dài tā bú shì tiān shàng de hé
可以看见天空中有一条白色光带，它不是天上的河

liú ér shì yóu yì kē lèi sì tài yáng de héng xīng hé xīng jì
流，而是由1500~4000亿颗类似太阳的恒星和星际

wù zhì gòu chéng de jù dà tiān tǐ xì tǒng yín hé xì yín hé xì de
物质构成的巨大天体系统——银河系。银河系的

xíng zhuàng xiàng tiě bǐng zhí jìng yuē wàn guāng nián tài yáng wèi yú yín hé xì de
形状像铁饼，直径约10万光年，太阳位于银河系的

yí gè xuán bì zhōng jù yín xīn yuē wàn guāng nián
一个旋臂中，距银心约2.6万光年。

小问号

小朋友，哪些天体围绕太阳运转？

河外星系

银河系外有许多类似的天体系统称河外星系,目前观测到1000亿个星系,宇宙至少有2万亿个星系。星系聚集成的集团叫星系团,每个星系团有百余个星系,直径达上千万光年,现已发现上万个星系团。约50个星系构成的小星系团叫本星系群,若干星系团集聚成更高层次的天体系统叫超星系团,它具有扁长的外形,直径可达数亿光年。

小提示

星系根据形态分为椭圆星系、透镜星系等和不规则星系。

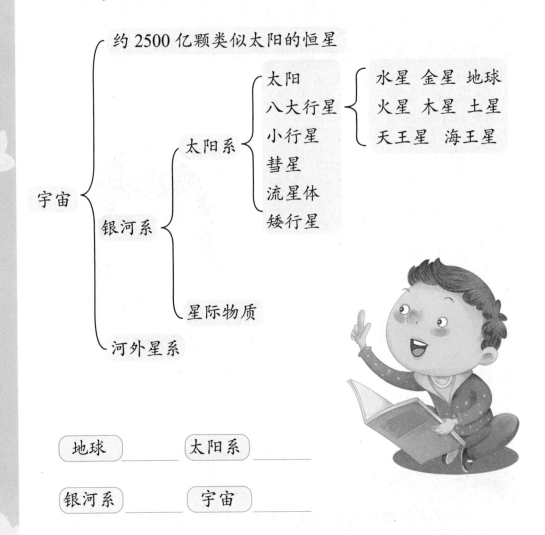

宇宙结构图
yǔ zhòu jié gòu tú

xiǎo péng you　　nǐ zhī dào yǔ zhòu de céng cì jié gòu ma　　gǎn kuài gēn jù
小朋友,你知道宇宙的层次结构吗？赶快根据

xià miàn de yǔ zhòu jié gòu tú jìn xíng dà xiǎo pái xù ba
下面的宇宙结构图进行大小排序吧。

约 2500 亿颗类似太阳的恒星

太阳
八大行星 —— 水星 金星 地球 火星 木星 土星 天王星 海王星
小行星
彗星
流星体
矮行星

太阳系

宇宙

银河系

星际物质

河外星系

地球 ___ 太阳系

银河系 ___ 宇宙

18

shén me shì dì xīn shuō
什么是地心说

地心说又名天动说。亚里士多德认为，宇宙是个有限的球体，分为天地两层，地球位于宇宙中心，日月围绕地球运行，物体总是落向地面，地球外有9个等距天层，由里到外依次是月球天、水星天、金星天、太阳天、火星天、木星天、土星天、恒星天和原动力天。地心说认为人类居住的地球位于宇宙中心，地球静止不动，其他星球都环绕地球运行。

小问号

小朋友，地心说认为宇宙中心是什么？

shén me shì rì xīn shuō
什么是日心说

日心说又称地动说，是和地心说对立的学说。

日心说认为宇宙的中心是太阳，而不是地球，地球是球形的，它在运动，24小时自转一周，太阳在宇宙中心是不动的，地球和其他行星都一起围绕太阳做圆周运动，只有月亮环绕地球运行。

小问号

小朋友，日心说认为什么是宇宙中心？

谁提出了万有引力定律

xiǎo péng you　　wèi shén me wǒ men
小朋友，为什么我们
xiàng shàng bèng tiào hòu huì jiàng luò dào dì
向上蹦跳后会降落到地
miàn ér bú huì piāo zǒu　shì yīn wèi
面而不会飘走？是因为
wǒ men tài bèn zhòng le ma　xiǎo zhǐ
我们太笨重了吗？小纸
piàn suí fēng piāo zǒu hòu wèi shén me yě
片随风飘走后为什么也
huì luò zài dì shàng ne
会落在地上呢？

小提示

小朋友，只有多观察，积极思考，才会有新发现。

21

1687年，牛顿在《自然哲学的数学原理》上发表了万有引力定律："地球周围的一切天体被地球重力所吸引，月球同样按照物质之量被地球重力所吸引。海洋被月球重力所吸引；一切行星相互被重力所吸引，彗星同样被太阳的重力所吸引。我们必须承认，一切物体，不论是什么，都被赋与了相互引力的原理。"地球与太阳之间的引力与地球对周围物体的引力可能是同一种力，遵循相同规律。

小问号

小朋友，谁提出了万有引力定律？

宇宙究竟是无限的还是有限的

宇宙是从极小的点诞生的，它不断膨胀。最初，物质只能以中子、质子、电子、光子和中微子等基本粒子形态存在。宇宙爆炸后不断膨胀，导致温度和密度很快下降，逐步形成原子、原子核、分子，并复合成气体，气体凝聚成星云，星云再形成恒星和星系，最终形成如今的宇宙。

小问号

小朋友，宇宙爆炸后不断膨胀，温度会怎么变化？

"无"并非是绝对虚无，真空是一种特殊的物质和能量形式。如果说真空起源于"无"，那么"无"就是未知的物质和能量形式。从现代物理学的观点看，真空也可视为物质。暴涨模型认为宇宙中的物质与能量形式不是永恒的。不论宇宙多么巨大，作为一个有限的物质体系，都有其产生、发展和灭亡的历史。

小问号

小朋友，真空是虚无吗？

宇宙在加速膨胀吗

宇宙不断膨胀,宇宙中的可见物质不足以把宇宙连成一片,如果不是存在神秘不可见的物质,星系就分崩离析了。看不见的神秘物质称为"暗物质",它是促使宇宙膨胀时在自身引力下形成特定结构的物质。暗能量是宇宙加速膨胀的推手。天文观测表明宇宙在加速膨胀,事实证明宇宙膨胀的速度越来越快。施密特指出:"物质与物质间的空间正在加大。"

小问号

小朋友,什么是宇宙加速膨胀的推手?

25

宇宙的结局是怎样的

宇宙学家认为，如果宇宙能量密度等于或小于临界密度，膨胀会逐渐减速，但永远不会停止。恒星因星际气体被消耗而停止，最终只剩下白矮星、中子星和黑洞。致密星体碰撞会导致质量聚集，陆续产生更大的黑洞。宇宙平均温度会趋近绝对零度，达到大冻结。宇宙只留下辐射和黑洞，黑洞会因霍金辐射全部蒸发，整个宇宙达到热寂状态，温度仅比绝对零度高，没有生物会幸存下来。

小问号

小朋友，宇宙最终的结局是什么？

26

幻影能量理论认为宇宙会一直持续膨胀下去，最终星系群、恒星、行星、原子、原子核和所有物质都会在膨胀中被撕开，即大撕裂。

少部分科学家认为，宇宙结局如果是大坍缩，所有的物质最终都会变成原子状态，再经过一次偶然的量子涨落，新一轮的大爆炸又形成了，下一个宇宙又会诞生。

小提示

宇宙持续加速膨胀，最终会被撕裂或坍缩，它就会消亡。

宇宙观念判对错

小朋友，你知道宇宙的基本常识吗？请你仔细思考，判断下面的宇宙观念，对的打上"√"，错的打上"×"。

1.地心说认为地球是宇宙的中心，它是静止不动的，而其他的星球都环绕着地球运行。　　　　　（　　）

2.日心说认为太阳是宇宙的中心，地球以及其他行星都一起围绕太阳做圆周运动，只有月亮环绕地球运行。　　　　　　　　　　　　　　　　　（　　）

3.牛顿看见苹果落地，他受到启发，就发现了万有引力定律。　　　　　　　　　　　　　　　（　　）

4.宇宙非常巨大，它是无限的，存在多元宇宙。

　　　　　　　　　　　　　　　　　　　　（　　）

5.宇宙在加速膨胀，它的膨胀速度越来越快。

　　　　　　　　　　　　　　　　　　　　（　　）

6.一旦宇宙收缩了，时间将会发生倒流。　　（　　）

星际物质有哪些

星际物质是存在于星系和恒星之间的物质和辐射场的总称，它是介于星系和恒星之间的中间角色。恒星在星际物质密度较高的分子云中形成，经由行星状星云、恒星风和超新星获得能量和物质的重新补充。恒星之间的物质包括星际气体、星际尘埃和星际云，还包括星际磁场和宇宙射线。

小问号

小朋友，星际物质包括哪些？

星际物质的温差很大，从几K到千万K。星际物质的总质量约占银河系总质量的10%，它们在银河系内分布不均匀，不同区域的星际物质密度相差很大。星际物质是极度稀薄的等离子、气体和尘埃，是离子、原子、分子、尘埃、电磁辐射、宇宙射线和磁场的混合体，物质成分是99%的气体和1%的尘埃，充满在星际间的空间。

小问号
小朋友，银河系内不同区域的星际物质密度相同吗？

黑洞是什么

致密星体彼此碰撞会导致质量聚集，陆续产生更大的黑洞。黑洞是宇宙空间内存在的一种密度极大、体积极小的天体。黑洞是由质量足够大的恒星在核聚变反应的燃料耗尽死亡后，发生引力坍缩产生的，其实黑洞并不"黑"，只是无法直接观测。

小问号

小朋友，黑洞是可见的吗？

黑洞的质量极其巨大，体积却十分微小，它产生的引力场极为强劲，能够吞噬万物。靠近黑洞的任何物质，都会被无情地拖曳到它的深渊里，小行星、星尘、光波和时间等，都无一例外。每个黑洞都有温度，大黑洞温度低，蒸发微弱；小黑洞温度高，蒸发强烈似爆发。

小问号

小朋友，黑洞有什么特点？

tiān kōng wèi shén me shì lán sè de
天空为什么是蓝色的

"蓝蓝的天上白云飘,白云下面马儿跑……"这描写了蓝天白云的美丽景色。太阳光是由红色、橙色、黄色、绿色、青色、蓝色和紫色这七种颜色的光组成的。当太阳光照射到空气中时,蓝色的光最容易从其他颜色中分离出来,扩散到空气中,再反射到我们的眼睛里。因此,我们看见的天空是蓝色的。

 小问号

小朋友,为什么我们看见的天空是蓝色的?

wèi shén me yún piāo zài tiān shàng bú huì jiàng luò
为什么云飘在天上不会降落

为什么云飘在天上不会降落呢？太阳照在地球表面，水蒸发形成水蒸气，若水汽过于饱和，水分子就会聚集在微尘周围，产生的水滴或冰晶将阳光散射到各个方向。云是由许多小水滴和小冰晶紧密结合形成的，非常轻，天空中上升的空气很容易将它托住，云就不会从天空降落下来了。

小提示

当云太厚不能通过阳光时，就呈现出灰色或黑色的天空。

大气的主要成分有哪些

星际物质包括气体、尘埃、电磁辐射和宇宙射线，99%的物质成分是气体，充满在星际空间。大气层像地球外围一层厚厚的"面纱"，它可以阻挡过于强烈的太阳光直射地球，也阻挡了地球热量的散失。大气的主要成分有氮气、氧气，其中氮气约占大气总质量的78.1%，还有少量的二氧化碳、稀有气体、水蒸气、水和尘埃杂质。

小问号

小朋友，大气的主要成分有哪些？

大气分为哪几层

大气层像地球外围的厚"面纱"，它的空气密度随高度而减小，既可以阻挡强烈的阳光直射地球，又减少了地球热量的散失。大气层的厚度在1000千米以上，越高空气越稀薄。由于不同高度的大气层表现出来的特点不同，可以把大气分为对流层、平流层、中间层、热层和散逸层。

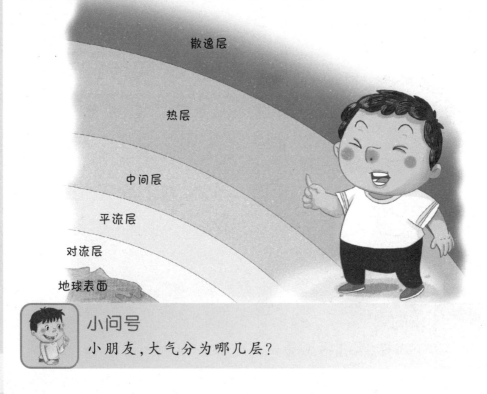

散逸层

热层

中间层

平流层

对流层

地球表面

小问号

小朋友，大气分为哪几层？

气球飘到高空为什么会爆炸

小朋友，你喜爱吹气球吗？你放飞过气球上天吗？气球飘到高空为什么会爆炸呢？原来，越高大气层的空气就会越稀薄，空气的压力就越小。当气球内的空气压力比气球外的空气压力大时，气球内的空气就会膨胀，因此气球飘到高空最终会爆炸。

小问号

小朋友，为什么气球飘到高空会爆炸？

qì qiú bào zhà
气球爆炸

臭氧层有什么保护作用

大气层像地球外围的一层厚"面纱"，它的主要成分有氮气、氧气，臭氧是一种有刺激性气味的气体。大气层中的臭氧层有三个作用：一是保护作用，臭氧能吸收阳光中波长306.3nm以下的紫外线，保护人类和动植物免遭短波紫外线的伤害，保证地球生物的生存繁衍。二是加热作用，臭氧吸收阳光中的紫外线并将其转换为热能，从而加热大气。三是温室气体的作用，臭氧减少会使地面气温下降。

小问号

小朋友，臭氧层有哪些作用？

39

xiǎo péng you　qǐng nǐ gěi zhèng què de shuō fǎ dǎ shàng　　　cuò wù de
小朋友，请你给正确的说法打上"√"，错误的

dǎ shàng
打上"×"。

星际物质充满在星际间的空间,主要包括气体、尘埃、电磁辐射和宇宙射线。

黑洞产生的引力场极强劲,能吞噬万物,它会发出耀眼的光芒,甚至会爆炸喷射物体。

臭氧有刺激性气味,能保护人类和动植物免遭短波紫外线伤害。

大气的主要成分有氮气、氧气和空气,大气层分为对流层、平流层、中间层、暖层和散逸层,但没有明显界限。

你知道银河在天空中的位置吗

银河是在晴朗的夜空可以看见的银白色光带，是由恒星和其他天体组成的巨大恒星系统。银河绕天空

一周，会随着季节变化位置，在不同的季节会出现在天空中的不同位置。相对于北半球的人而言，银河在夏季时大致位于东南至西北方向，冬季时大致位于西南至东北方向。

小问号
小朋友，银河是什么样子的？

银河系有多大
yín hé xì yǒu duō dà

太阳、行星、小行星、彗星和流星体构成了太阳系，太阳位于银河系的一个旋臂中。银河系像个铁饼，大多数恒星集中在扁盘状的空间范围内。银河系的圆盘部分叫"银盘"，它的直径约有10万光年。银河系还有部分恒星稀疏地分布在一个近似球状的空间范围内，叫"银晕"，它的直径有98000光年。光穿过银河系要10万年。

小问号

小朋友，光穿过银河系大约需要多少年？

银河系里有什么
yín hé xì lǐ yǒu shén me

银河系包含近2千亿颗恒星，太阳系位于其中，还有疏散星团、球状星团和千姿百态的银河系星云。

小问号

小朋友，银河系有多少颗恒星？

什么是恒星

众所周知，银河系是由1000亿至4000亿颗恒星和其他天体组成的巨大恒星系统。什么是恒星？难道是永恒存在的星球吗？当然不是。由于恒星距离地球太遥远，我们很难发现它们在天上的位置变化，古人就误认为它们是固定不动的星体，因此把它们称为恒星。

小问号

小朋友，恒星有什么特点？

héng xīng shì zěn yàng xíng chéng de
恒星是怎样形成的

héng xīng shì zài xīng yún nèi bù xíng chéng de　　xíng chéng guò chéng xū yào shàng qiān
恒星是在星云内部形成的，形成过程需要上千

wàn nián de shí jiān　　xīng yún shòu dào gān rǎo hòu huì shī qù píng héng　　bù fen xīng
万年的时间。星云受到干扰后会失去平衡，部分星

yún huì xíng chéng yí gè xuán zhuǎn de yuán pán　　yuán pán fā rè xiàng wài pēn shè wù
云会形成一个旋转的圆盘，圆盘发热向外喷射物

zhì　　jiù xíng chéng le yuán héng xīng　　yuán héng xīng fā rè fā guāng　　jīng guò yí xì
质，就形成了原恒星。原恒星发热发光，经过一系

liè fǎn yīng hòu jiù dàn shēng le xīn de héng xīng
列反应后就诞生了新的恒星。

小问号

小朋友，你知道恒星是怎样形成的吗？

恒星会相互吸引吗
héng xīng huì xiāng hù xī yǐn ma

用天文望远镜观察天上的星星会发现不少恒星是相互吸引、相互环绕着运行的，这样的两颗恒星称为双星。双星在宇宙中很常见，大约有一半的恒星是双星，彼此相互吸引。

小问号

小朋友，什么样的恒星是双星？

行星指自身不发光，环绕着恒星的天体，其公转方向常与所绕恒星的自转方向相同。2006年8月24日，国际天文学联合会通过了行星的新定义：

一、必须是围绕恒星运转的天体；

二、质量必须足够大，来克服固体引力以达到流体静力平衡，近似球体；

三、必须清除轨道附近区域，公转轨道范围内不能有比它更大的天体。

xíng xīng wèi shén me shì yuán de
行星为什么是圆的

太阳系以太阳为中心，包括八大行星。行星的质量足够大，近似圆球状。行星环绕恒星运动，公转的轨道具有共面性、同向性和近圆性三大特点。由于行星中心的引力和它自转时产生的离心力共同作用，塑造了行星的圆球状。

小问号
小朋友，行星是什么形状的？

xiǎo péng you　qǐng nǐ gěi shuō fǎ zhèng què de xiǎo huǒ bàn huà shàng yí miàn xiǎo
小朋友，请你给说法正确的小伙伴画上一面小
hóng qí
红旗。

银河是由1000多亿颗恒星和其他天体组成的巨大恒星系统，在晴朗的夜空可以看见银白色光带。

银盘的直径约有10万光年，银晕的直径有98000光年，光穿过银河系要10万年。

银河系是由1000至4000亿颗恒星和其他天体组成的巨大恒星系统。相互吸引、相互环绕着运行的两颗恒星称为双星。

行星指自身不发光，环绕着恒星的天体，质量足够大，近似圆球状。

疏散星团有什么特点
shū sàn xīng tuán yǒu shén me tè diǎn

银河系是巨大的恒星系统，它包含恒星和大量的星团、星云，已发现的疏散星团超过1100个。疏散星团是由数百颗到上千颗恒星在一个不大的空间内组成的星团，由于恒星通常聚集得不那么紧密，因而得名。

小提示

金牛座的昴星团约由3千颗恒星组成，距地球400多光年。

nǐ zhī dào qiú zhuàng xīng tuán ma
你知道球状星团吗

人类已经发现100多个球状星团。顾名思义,球状星团是外形呈球状的星团,它通常是由几千甚至几十万颗恒星聚集在较小的空间内构成的,距离地球较远,从7000光年到20万光年甚至超过40万光年。

小问号
小朋友,球状星团是什么形状的?

你知道银河系星云吗
nǐ zhī dào yín hé xì xīng yún ma

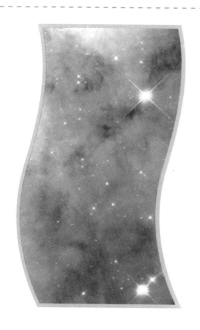

通常，银河系星云由气体和尘埃组成，形状和明亮程度各不同。银河系星云根据形态可以分为行星状星云和弥漫星云等多种；根据发光性质可以分为发射星云、暗星云和反射星云。

小问号

小朋友，你知道银河系星云的分类吗？

银河系的中心是什么

yín hé xì de zhōng xīn shì shén me

诗仙李白有诗："飞流直下三千尺，疑是银河落九天。"银河的中心部分主要由年龄在100亿年以上的老年红色恒星组成，是个很亮的球状，直径约2万光年。科学推测，在中心区域存在着一个巨大的黑洞，星系核的活动十分剧烈。银心在人马座方向，太阳距银心约3万光年，银心与太阳系之间充斥着大量的星际尘埃。

小问号

银河系的中心是什么？

yín hé xì huì zì zhuàn ma
银河系会自转吗

太阳系以每秒约250千米的速度环绕着银河系中心旋转，大约需2.2亿年才旋转一圈。1887年奥托·斯特鲁维首次利用自行数据研究银河系自转。20世纪20年代经B.林德布拉德、J.H.奥尔特等人的研究，最终确定银河系在自转。银河系1秒钟自转250千米，自转1周为一个银河年，约2.8～3亿年。

小问号

小朋友，银河系会自转吗？

xiǎo péng you　qǐng nǐ gěi shuō fǎ zhèng què de xiǎo huǒ bàn huà shàng yì duǒ xiǎo
小朋友，请你给说法正确的小伙伴画上一朵小
hóng huā
红花。

银河系星云由气体和尘埃组成，形状和明亮程度各不同，千姿百态。

银河系包含有近 2 千亿颗恒星，还有疏散星团、球状星团和星云，人类已经发现 100 多个球状星团。

银河的中心部分主要由年龄约在 100 亿年以上的老年红色恒星组成，太阳距银心约 3 万光年。

地球既自转，又围绕太阳运转。太阳系环绕着银河系中心旋转，银河系不自转。

你知道三个宇宙速度吗

牛顿发现了万有引力，认为地球引力总是力图将万物拉向地心。科学家们研究发现，当物体的运动速度达到一定值时，就可以克服地球引力，这个速度就是宇宙速度。第一宇宙速度为7.9千米/秒，物体能飞离地球表面，围绕地球运行；第二宇宙速度为11.2千米/秒，物体能摆脱地球引力，围绕太阳运行；第

三宇宙速度为16.7千米/秒，物体能摆脱太阳引力，飞离太阳系。

小问号

小朋友，宇宙速度有哪三个？

kǒngmíngdēng wèi shén me néng fēi shàng tiān
孔明灯为什么能飞上天

在 3 世纪初，诸葛亮发明了天灯，因为诸葛亮的字为孔明，所以又称孔明灯。其实，它是以竹篾为骨架，在四周和顶部糊粘上薄纸制作而成的灯笼。只需点燃灯笼底部的松油棒，灯笼内的空气受热后变轻就会上升，从而带动灯笼升入高空。通常，孔明灯用来传递军事信号。

小问号

小朋友，能飞上天的孔明灯是谁发明的？

热气球为什么能升空

1783 年，法国人孟格菲兄弟从炉火中感觉到热空气有升力，就用棉布和纸制造了一个直径为10米的热空气气球。他们经过反复试验，6月4日热气球终于第一次当众成功飞升了。9月19日，孟格菲兄弟俩用热气球将一只羊、一只鸡和一只鸭成功载离地面。后来，他们在巴黎穆埃特堡进行了世界上第一次热气球载人飞行，在空中飞行了25分钟。

小问号

小朋友，谁进行了世界上第一次热气球载人飞行？

fēi tǐng wèi shén me néng shēng kōng
飞艇为什么能升空

德国人齐柏林从1891年开始研制飞艇，他先后建造了30艘飞艇，除在客运航线上使用外，还用于战争中的侦察、巡逻、轰炸和反潜。飞艇的主体部分是个大气囊，外形像橄榄球，气囊内充进了氢气，比空气要轻，能产生升力，上面安装有发动机，能驱动飞艇前进。

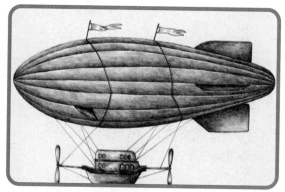

小问号

小朋友，飞艇为什么能升空？

xiǎo péng you　　qǐng nǐ gěi shuō fǎ zhèng què de xiǎo huǒ bàn huà shàng yí miàn xiǎo
小朋友，请你给说法正确的小伙伴画上一面小
hóng qí
红旗。

地球上的人类早在 1972 年就开始联系宇宙中的外星人了。

如果运动速度超过 16.6 千米/秒，就能飞离太阳系了。

诸葛亮发明了天灯，用来传递军事信号。

1783 年，法国人孟格菲兄弟发明了世界上第一个氢气球，并成功飞升了。

第二章

盘点太阳系

太阳的年龄有多大

tài yáng de nián líng yǒu duō dà

太阳系以每秒约250千米的速度环绕着银河系中心旋转，大约需2.5亿年才旋转一圈。宇宙的年龄约为138.2亿年，银河系已有130亿岁左右，太阳和行星的年龄只及银河系的1/3，太阳系大约有46亿岁。

小问号

小朋友，太阳系大约有多少岁？

tài yáng shì yóu shén me gòu chéng de
太阳是由什么构成的

小朋友，太阳是个大火球，能给我们带来温暖和光明。太阳位于太阳系中心，是其中唯一会发光的恒星，它是热等离子体与磁场交织的一个理想球体。太阳系约99.86%的质量都集中在太阳，主要成分是氢，约占3/4，剩下的几乎都是氦，约占27%，还包括氧、碳、氖、铁和其他的重元素，它们的质量少于2%。

小问号

小朋友，太阳系由哪些成分构成？

tài yáng xì yǒu nǎ xiē tiān tǐ
太阳系有哪些天体

太阳、行星及其卫星、小行星、矮行星、彗星和流星体构成了太阳系，它是以太阳为中心，和所有受到太阳引力约束的天体集合体，包括八大行星、已知的173颗卫星、7颗已辨认的矮行星和数以亿计的小天体。太阳系有8颗大行星，它们是环绕太阳且质量够大的天体，按照距离太阳由近及远的顺序排列，依次为水星、金星、地球、火星、木星、土星、天王星和海王星。

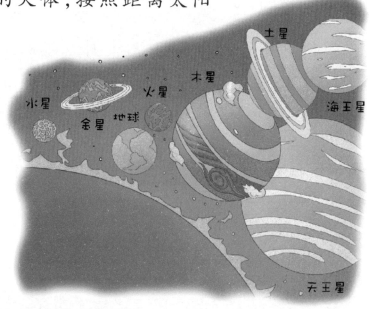

小问号

小朋友，太阳系有哪些天体？

矮行星又称"侏儒行星"，通常体积介于行星和小行星之间，围绕恒星运转，质量足以克服固体引力以达到流体静力平衡，形状近似圆球，没有清空所在轨道上的其他天体，同时不是卫星，比如：冥王星。

太阳系小天体是指围绕太阳运转但不符合行星和矮行星条件的天体，主要包括小行星、彗星、流星体和其他星际物质。

小问号

小朋友，太阳系小天体主要包括哪些？

太阳系行星的数量有多少

tài yáng xì xíng xīng de shù liàng yǒu duō shao

太阳、行星及其卫星、小行星、矮行星、彗星和流星体构成了太阳系，太阳系有水星、金星、地球、火星、土星、木星、天王星和海王星八大行星，冥王星被列为"矮行星"，还存在上百万颗小行星，大多数分布在火星和木星的轨道间围绕太阳运转。据小行星中心数据，太阳系内已有1026572颗小行星被确认，其中约57%已有正式编号。

小问号

小朋友，你知道太阳系的八大行星吗？

你知道太阳系最大的行星吗

太阳系有水星、金星、地球、火星、木星、土星、天王星和海王星八大行星，按照距离太阳由近及远的顺序排列，木星位列第五。在太阳系中，木星的体积和质量最大，比其他七大行星质量总和的2.5倍还多。木星体积巨大，反射太阳光的能力较强，是天空中第四亮的星星，仅次于太阳、月球和金星。

 小问号

小朋友，太阳系最大的行星是哪颗？

哪颗行星离太阳最近
nǎ kē xíng xīng lí tài yáng zuì jìn

太阳、行星及其卫星、小行星、矮行星、彗星和流星体构成了太阳系，太阳系有8颗大行星，水星是太阳系最内侧的行星，也是距离太阳最近的行星。由于水星太接近太阳，常常被猛烈的阳光遮掩，除非有日食，否则在阳光的照耀下通常是看不见水星的。

小问号

小朋友，离太阳最近的是哪颗行星？

tài yáng bǐ yuè liang dà, wèi shén me
太阳比月亮大，为什么

kàn qǐ lái què chà bu duō
看起来却差不多

月球是地球的固态卫星，它环绕地球运行，是离地球最近的天体。虽然太阳的体积相当130万个地球，1个地球的体积相当49个月球，但是太阳离地球很远，月球离地球很近，太阳到地球的距离大约是月球到地球的距离的393.7倍，近的东西看起来比远的东西大，因此，在地球上看太阳与月亮大小差不多。

小问号

小朋友，为什么在地球上看太阳与月亮大小差不多？

太阳有哪些秘密
tài yáng yǒu nǎ xiē mì mì

太阳系约99.86%的质量都集中于太阳，它是位于太阳系中心的恒星，像个红艳艳的大火球。太阳有哪些奥秘呢？

太阳为什么能发光发热

太阳是太阳系中唯一会发光的恒星，能散发出光和热。太阳是由不同气体组成的，主要成分是氢，它不断地燃烧着氢气，就像氢弹爆炸一样能够产生巨大的能量。太阳不但能发光发热，而且可以将热能与光能向四周传播。

小问号

小朋友，太阳系中唯一会发光的恒星是什么？

朝阳与落日为什么都是红色的

太阳圆圆的，朝阳与落日都像红彤彤的大火球。太阳光是由红色、橙色、黄色、绿色、青色、蓝色和紫色这七种颜色的光组成的，其中红色的光光波最长。在早晨和傍晚，太阳光穿过大气层的距离增大，只有光波长的红色光能穿过大气层照射到地面。因此，我们看见的朝阳与落日多是红色的。

小问号

小朋友，太阳光是由哪几种颜色的光组成的？

太阳为什么会变色

朝阳和落日多是红色的，正午是一天中阳光最强的时刻，白花花的阳光非常刺眼。太阳为什么会变色？太阳光是由红色、橙色、黄色、绿色、青色、蓝色和紫色七种光组成的，早晨和傍晚阳光斜射入大气层，只有长波的红色和橙色光穿过大气层到达地面，其余光被大气层吸收反射了，所以朝阳和落日看起来是红色的。中午阳光直射入大气层，所有光线都能穿透大气层，因此，中午的太阳是白色的。

小问号

小朋友，太阳为什么会变色？

为什么会有日食

日食又叫日蚀，是月球运动到太阳和地球的中间，如果三者正好处在一条直线，月球就会挡住太阳射向地球的光，月球身后的黑影正好落到地球上，就会发生日食现象，中国民间称为"天狗食日"。

日食只在朔，即月球与太阳呈现重合的状态时发生。日食分为日偏食、日全食、日环食、全环食。观测者在本影范围内可看到日全食，在伪本影范围内可看到日环食，在半影范围内只能看到日偏食。

小问号

小朋友，日食分为哪几类？

你知道世界知名的日食吗

yuè liang wéi rào dì qiú zhuàn dì qiú wéi rào tài yáng zhuàn rú guǒ yuè qiú
月亮围绕地球转，地球围绕太阳转，如果月球

yùn dòng dào tài yáng hé dì qiú de zhōng jiān zhē dǎng le tài yáng guāng jiù huì xíng chéng
运动到太阳和地球的中间，遮挡了太阳光就会形成

rì shí xiǎo péng you nǐ zhī dào shì jiè zhī míng de rì shí ma
日食。小朋友，你知道世界知名的日食吗？

最早日食

gōng yuán qián nián yuè
公元前 1217 年 5 月 26

rì zài rú jīn wǒ guó hé nán shěng ān yáng shì
日，在如今我国河南省安阳市

de xiān mín yǎng wàng tiān kōng fā xiàn guāng máng sì
的先民仰望天空，发现光芒四

shè de tài yáng chǎn shēng quē kǒu hòu biàn àn dàn
射的太阳产生缺口后变暗淡

le bù jiǔ tài yáng yòu fù yuán le zhè
了，不久，太阳又复原了。这

shì rén lèi lì shǐ shàng guān yú rì shí de zuì
是人类历史上关于日食的最

zǎo kě kào jì lù bèi yòng jiǎ gǔ wén kè zài
早可靠记录，被用甲骨文刻在

yí piàn guī jiǎ shàng
一片龟甲上。

小问号

小朋友，你知道离你最近的一次日食是什么时候吗？

最长日食
zuì cháng rì shí

月亮位于太阳和地球之间会产生日食，持续的最长时间为7分31秒。1955年，费城西部的日食持续了7分8秒，是近年最长的一次。

据预测，2186年大西洋中部地区将发生一次持续时间7分29秒的日食。

小问号
小朋友，你知道近年最长的日食吗？

最长日环食
zuì cháng rì huán shí

2010 年 1 月 15 日，出现了 21 世纪最长的日环
食，持续时间为 11 分 8 秒。

 小提示
理论上最长的日环食可以持续 12 分 42 秒。

观测日食有禁忌

小朋友，你会目不转睛地直视正午阳光吗？医学专家指出，长时间直视太阳因紫外线和红外线导致视网膜黄斑被烧伤的"日光性视网膜炎"，几乎是无法治疗的。视网膜黄斑被烧伤，将无法复原，严重者会失明。

观测日全食时要注意：不要用肉眼或望远镜等光学设备直视太阳，也不可直接佩戴太阳镜、墨镜观测日全食，否则会造成短暂性失明，甚至永久性失明。

小问号

小朋友，长时间直视太阳会有什么危害？

观测日食的正确做法有很多，比如：

一、佩戴专用观察太阳的有保护作用的眼镜。

二、可将太阳镜摘下，离眼睛一臂的距离，并从侧面观测镜片。

三、利用小孔成像法观测，比如：将双手举起，手指相互垂直、交叉重叠，双手就形成了一个带有许多小孔的网，这些小孔可以作为简易的成像孔。

四、接一盆水或一杯水，滴入较多的黑墨水，发生日食时可以在水中观察。

小提示

小朋友，观测日食要注意保护眼睛。

嗨！大家好！我是笨笨熊，正在国外旅游。

深更半夜的打电话，还让不让人睡觉啦？

我正睡得香甜做美梦呢，却被你吵醒了，郁闷！

打电话也不看看时间，不要影响别人休息才好呀。

你们怎么大白天睡觉啊？一群大懒虫！

你不需要倒时差吗？

其实，我的眼皮也在打架，只是大白天不好意思睡懒觉而已嘛。

倒时差是什么意思？难道世界各地的时间有差别吗？

地球自西向东，东边比西边先看到太阳，东边时间比西边早。

是的，由于世界各地的时间不统一，出国的人必须调整时间才能适应。

终于放假了,万岁!

是呀, 可以缓一口气啦, 我要好好享受假期生活。

要不, 我们一起出境游吧, 环球旅行可以欣赏异域风光呢。

出境游需要调整好时间, 否则, 不能适应当地的生活节奏呢。

什么意思?

环球旅行需要倒时差呗。

1884 年, 在华盛顿召开的国际子午线会议规定将全球划为 24 个时区。出国的人必须调整时间。向西走每过 1 时区就要往回拨 1 小时,如 2 点拨到 1 点;向东走每过一时区就要向前拨 1 小时,如 1 点拨到 2 点。

xiǎo péng you　　qǐng nǐ gěi zhèng què de shuō fǎ dǎ shàng　　　　　cuò wù de

小朋友，请你给正确的说法打上"√"，错误的

dǎ shàng

打上"×"。

太阳系的中心天体是太阳，它是太阳系中唯一会发光的行星。

木星是太阳系体积和质量最大的行星。

水星距离太阳最近，在八大行星中最小，也是运动最快的行星。

太阳不断燃烧着氢气，释放并传播热能与光能。

如果月球运动到太阳和地球的中间，挡住了太阳射向地球的光，就会发生日食现象。

太阳与地球比较哪个大

小朋友，平时我们会感觉到自己生活的地球好大，可是天空的太阳却看起来非常小。其实，这是因为我们生活在地球上，而距离太阳很远的缘故。太阳的直径大约是139万千米，相当于地球直径的109倍，太阳的体积是地球的130万倍，太阳的质量大约是地球的33万倍。

小问号

小朋友，太阳大还是地球大？

wǒ men zài qíng tiān shí néng gǎn shòu dào yáng guāng de wēn nuǎn qí shí dì
我们在晴天时能感受到阳光的温暖，其实，地

qiú lí tài yáng hěn yáo yuǎn píng jūn jù lí shì qiān mǐ xiāng
球离太阳很遥远，平均距离是 1.496×10^8 千米，相

dāng yú dì qiú zhí jìng de bèi rú guǒ chéng shí sù qiān mǐ de
当于地球直径的 11759 倍。如果乘时速 1000 千米的

fēi jī xū yào huā nián cái néng dào dá tài yáng fā shè měi miǎo qiān
飞机需要花 17 年才能到达太阳，发射每秒 11.23 千

mǐ de yǔ zhòu fēi chuán yě yào jīng guò duō tiān cái néng dào dá rán ér tài
米的宇宙飞船也要经过 150 多天才能到达，然而太

yáng guāng zhào shè dào dì qiú zhǐ xū yào fēn duō zhōng
阳光照射到地球只需要 8 分多钟。

小问号

小朋友，太阳光照射到地球需要多长时间？

地球是什么形状的

dì qiú shì shén me xíng zhuàng de

亚里士多德根据月食时月面出现的地影是圆形的,得出了地球是球形的第一个科学证据。1522

年,葡萄牙航海家麦哲仑领导的环球航行证明了地球是球形的。17世纪末,牛顿研究了自转对地球形态的影响,认为地球是一个赤道略隆起,两极略扁平的椭球体。

小问号

小朋友,谁领导的环球航行证明了地球是球形的?

dì qiú shàng wèi shén me
地球上为什么
cún zài zhe shēng mìng
存在着生命

地球是太阳系的八大行星之一，也是目前人类所知宇宙中唯一存在生命的天体。地球提供了目前已知唯一能维持生命进化的环境，太阳系其他行星都没有生物生存必须的环境条件，比如液态水。

此外，光合作用使太阳能可以被生物直接利用，产生的氧气在大气层聚集形成了臭氧层，抵挡了来自宇宙的有害射线，于是，生命就布满了地球表面。

 小问号
小朋友，为什么地球上存在着生命？

<ruby>月<rt>yuè</rt></ruby><ruby>球<rt>qiú</rt></ruby><ruby>距<rt>jù</rt></ruby><ruby>离<rt>lí</rt></ruby><ruby>地<rt>dì</rt></ruby><ruby>球<rt>qiú</rt></ruby><ruby>有<rt>yǒu</rt></ruby><ruby>多<rt>duō</rt></ruby><ruby>远<rt>yuǎn</rt></ruby>

<ruby>月<rt>yuè</rt></ruby><ruby>球<rt>qiú</rt></ruby><ruby>是<rt>shì</rt></ruby><ruby>地<rt>dì</rt></ruby><ruby>球<rt>qiú</rt></ruby><ruby>的<rt>de</rt></ruby><ruby>一<rt>yì</rt></ruby><ruby>颗<rt>kē</rt></ruby><ruby>固<rt>gù</rt></ruby><ruby>态<rt>tài</rt></ruby><ruby>卫<rt>wèi</rt></ruby><ruby>星<rt>xīng</rt></ruby>，<ruby>它<rt>tā</rt></ruby><ruby>环<rt>huán</rt></ruby><ruby>绕<rt>rào</rt></ruby><ruby>着<rt>zhe</rt></ruby><ruby>地<rt>dì</rt></ruby><ruby>球<rt>qiú</rt></ruby><ruby>运<rt>yùn</rt></ruby><ruby>行<rt>xíng</rt></ruby>。<ruby>地<rt>dì</rt></ruby><ruby>球<rt>qiú</rt></ruby><ruby>和<rt>hé</rt></ruby><ruby>月<rt>yuè</rt></ruby><ruby>球<rt>qiú</rt></ruby><ruby>都<rt>dōu</rt></ruby><ruby>以<rt>yǐ</rt></ruby><ruby>顺<rt>shùn</rt></ruby><ruby>时<rt>shí</rt></ruby><ruby>针<rt>zhēn</rt></ruby><ruby>方<rt>fāng</rt></ruby><ruby>向<rt>xiàng</rt></ruby><ruby>自<rt>zì</rt></ruby><ruby>转<rt>zhuàn</rt></ruby>，<ruby>月<rt>yuè</rt></ruby><ruby>球<rt>qiú</rt></ruby><ruby>也<rt>yě</rt></ruby><ruby>以<rt>yǐ</rt></ruby><ruby>顺<rt>shùn</rt></ruby><ruby>时<rt>shí</rt></ruby><ruby>针<rt>zhēn</rt></ruby><ruby>方<rt>fāng</rt></ruby><ruby>向<rt>xiàng</rt></ruby><ruby>围<rt>wéi</rt></ruby><ruby>绕<rt>rào</rt></ruby><ruby>地<rt>dì</rt></ruby><ruby>球<rt>qiú</rt></ruby><ruby>运<rt>yùn</rt></ruby><ruby>行<rt>xíng</rt></ruby>，<ruby>地<rt>dì</rt></ruby><ruby>球<rt>qiú</rt></ruby><ruby>也<rt>yě</rt></ruby><ruby>是<rt>shì</rt></ruby><ruby>以<rt>yǐ</rt></ruby><ruby>顺<rt>shùn</rt></ruby><ruby>时<rt>shí</rt></ruby><ruby>针<rt>zhēn</rt></ruby><ruby>方<rt>fāng</rt></ruby><ruby>向<rt>xiàng</rt></ruby><ruby>环<rt>huán</rt></ruby><ruby>绕<rt>rào</rt></ruby><ruby>太<rt>tài</rt></ruby><ruby>阳<rt>yáng</rt></ruby><ruby>公<rt>gōng</rt></ruby><ruby>转<rt>zhuàn</rt></ruby><ruby>的<rt>de</rt></ruby>。<ruby>月<rt>yuè</rt></ruby><ruby>球<rt>qiú</rt></ruby><ruby>是<rt>shì</rt></ruby><ruby>距<rt>jù</rt></ruby><ruby>离<rt>lí</rt></ruby><ruby>地<rt>dì</rt></ruby><ruby>球<rt>qiú</rt></ruby><ruby>最<rt>zuì</rt></ruby><ruby>近<rt>jìn</rt></ruby><ruby>的<rt>de</rt></ruby><ruby>天<rt>tiān</rt></ruby><ruby>体<rt>tǐ</rt></ruby>，<ruby>它<rt>tā</rt></ruby><ruby>与<rt>yǔ</rt></ruby><ruby>地<rt>dì</rt></ruby><ruby>球<rt>qiú</rt></ruby><ruby>之<rt>zhī</rt></ruby><ruby>间<rt>jiān</rt></ruby><ruby>的<rt>de</rt></ruby><ruby>平<rt>píng</rt></ruby><ruby>均<rt>jūn</rt></ruby><ruby>距<rt>jù</rt></ruby><ruby>离<rt>lí</rt></ruby><ruby>是<rt>shì</rt></ruby>38.4<ruby>万<rt>wàn</rt></ruby><ruby>千<rt>qiān</rt></ruby><ruby>米<rt>mǐ</rt></ruby>，<ruby>人<rt>rén</rt></ruby><ruby>类<rt>lèi</rt></ruby><ruby>至<rt>zhì</rt></ruby><ruby>今<rt>jīn</rt></ruby><ruby>第<rt>dì</rt></ruby><ruby>二<rt>èr</rt></ruby><ruby>个<rt>gè</rt></ruby><ruby>亲<rt>qīn</rt></ruby><ruby>身<rt>shēn</rt></ruby><ruby>到<rt>dào</rt></ruby><ruby>过<rt>guò</rt></ruby><ruby>的<rt>de</rt></ruby><ruby>天<rt>tiān</rt></ruby><ruby>体<rt>tǐ</rt></ruby><ruby>就<rt>jiù</rt></ruby><ruby>是<rt>shì</rt></ruby><ruby>月<rt>yuè</rt></ruby><ruby>球<rt>qiú</rt></ruby>。

小提示

月球距离地球很近，它是地球的天然卫星。

xiǎo péng you　　qǐng nǐ gěi zhèng què de shuō fǎ dǎ shàng　　　　　　cuò wù de
小朋友，请你给正确的说法打上"√"，错误的

dǎ shàng
打上"×"。

太阳是位于太阳系中心的恒星，太阳系99.87%的质量都集中在太阳，太阳的质量约是地球的 33 万倍。

太阳是太阳系中唯一会发光的恒星，乘时速 1000 千米的飞机要 17 年才能到达太阳，太阳光照射到地球只需 8 分多钟。

地球是一个赤道略隆起，两极略扁平的椭球体。

地球是太阳系的八大行星之一，也是目前人类所知宇宙中唯一存在生命的天体。

yuè qiú jiū jìng yǒu duō dà
月球究竟有多大

　　月亮悬挂在高空，我们在地球上感觉月亮看起来很小，是因为它距离我们较远的缘故。月球是地球的一颗固态卫星，它的直径约3476千米，大约为地球的1/4大小，月球的体积大概有地球的1/49；月球的质量约 7.349×10^{22} 千克，差不多相当于地球质量的1/81，月球表面的重力约是地球重力的1/6。

小提示

月球直径约是太阳的1/400，太阳体积是月球的7600万倍。

月球上有生命吗

月球的年龄大约有46亿年，它距离地球最近，环绕地球运行，是地球的卫星。地球是上百万种生物的家园，既有人和动物，也有花草树木，地球上的人类是太阳系里唯一有智慧的生物。虽然月球有丰富的矿藏，却没有液态水，它不具备生物生存所必须的环境条件，所以月球上没有生命存在。

小提示

月球上富含多种元素，有许多资源，像铀、氦、稀土等。

wèi shén me yuè qiú shàng huì yǒu yǔn shí kēng
为什么月球上会有陨石坑

地球的表面高低不平，既有巍峨的高山，又有平坦的平原，还有深陷的低谷。其实，月球的表面也高低不平，到处是星罗棋布的环形山，它们是环形隆起的低洼形，又叫月坑。陨石坑大小不等，直径从几千米到200千米。月球上的陨石坑是受陨石冲击形成的，当巨大的陨石降落到月球表面后所形成的大坑就是陨石坑。

小问号

小朋友，月球表面的大坑是什么？它是怎么形成的？

月球有哪些秘密

月球距离地球最近，环绕地球运行，是地球的
卫星，它有哪些秘密呢？

月亮会发光吗

太阳位于太阳系中心，是太阳系中唯一会发光
的恒星，它像个红艳艳的大火球，能散发出光和热，
阳光很温暖。皎洁的月亮高悬夜空，会散发出银白
色的光芒，不过月光并不热。

月球本身不发光，只反射太阳
光。月亮平均亮度为太阳亮度
的1/465000，月面不是良好的反
光体，平均反照率只有7%，其
余被月球吸收。

小问号

小朋友，月球本身会发光吗？

月亮为什么会"变脸"

月亮会有规律地"变脸"，它的各种圆缺形态叫月相，比如：农历初一日称新月，月球以黑暗面朝向地球，与太阳同时出没；初八左右称上弦月，半月形出现在上半夜的西边夜空中；十五日夜或十六日称满月，明月整夜可见；二十三左右为下弦月，半月形出现在下半夜的东边夜空中。因为月球本身不发光，会反射太阳光，当月球环绕地球旋转时，地球、月球和太阳的相对位置不断发生变化，月亮反射太阳光也会变化，就会有规律地"变脸"了。

小问号

小朋友，月亮为什么会有规律地"变脸"？

94

为什么会形成月食

月食分为月偏食、月全食和半影月食。地球绕着太阳转,月亮绕着地球转。当地球位于太阳与月亮中间时,且地球和月亮的中心在同一条直线上,月亮会进入地球的本影,我们看不见月亮,就是月全食;如果月球只有部分为地球本影遮住,只有部分月亮进入地球的本影,地球只挡住了部分阳光,月亮像残缺的,就是月偏食。

小提示

月亮运行进入地球的阴影称为月食。

月球是怎样运动的

月亮每个月都会发生变化，它变化是有规律的。月球是地球的卫星，它既要自转，又要围绕地球公转。月球以椭圆轨道绕地球运转，周期是173日。月球在绕地球公转的同时自转，周期是27.32166日，正好为一个恒星月。同时，月球以每年3到4厘米的速度远离地球，它总有一天会离开地球，不过这个过程需要几十亿年。

小问号

小朋友，月球是怎样运动的？

96

为什么人走月亮也跟着走

"月亮走我也走，我送阿哥到村口……"这首歌词说明月亮会行走，它是运动变化的。月亮高高地悬挂在天空中，它距离我们非常遥远，不论我们走多远，走到哪里，身在何处，月亮与我们的距离好像都没改变，看起来就像是人走月亮也跟着走一样。

小问号

小朋友，为什么月亮与我们的距离看起来没改变？

肚子吃撑着了。

出去散步吧。

瞧，太阳就快落山啦。

我怎么感觉太阳在早中晚都离我们很遥远呢。

太阳东升西落，地球不是一直在运转吗？

就是因为地球距离太阳很遥远，所以变化微乎其微。

哈哈，月亮升起来了。

白天有日影，夜晚有月影。

瞧，我们行走，月亮也跟着走呢。

月亮离地球也很遥远，尽管它们在运转，也难以发现变化呢。

月球表面的环形山

是谁命名的

月球表面高低不平，暗区是平原或盆地等低陷地带，称为月陆和月海；明亮区域的图案像一座座环形的山脉，叫环形山。月球表面环形山星罗棋布，它们是环形隆起的低洼形，即月坑。月球上直径大于 1000 米的环形山有 33000 多个，牛顿环形山最深，达 8788 米，南极附近的贝利环形山最大，直径为 295 千米。据说环形山的名字是意大利数学家、物理学家、天文学家伽利略·伽利雷取的。

小问号

小朋友，月球表面的环形山是谁命名的？

第一个到达月球的人是谁

月球是离地球最近的天体,也是人类至今第二个亲身到过的天体。第一个到达月球的人造物体是前苏联的无人登陆器"月球2号"。1966年3月31日,"月球10号"成功发射,成为月球第一颗人造卫星。美国的"阿波罗11号"的指令长尼尔·奥尔登·阿姆斯特朗是踏足月球的第一人。

小问号

小朋友,谁第一个到达月球?

乘坐航天飞机能到月球吗

chéng zuò háng tiān fēi jī néng dào yuè qiú ma dāng rán bù néng yīn wèi
乘坐航天飞机能到月球吗？当然不能。因为

yuè qiú shàng jī hū méi yǒu kōng qì háng tiān fēi jī bù kě néng zài yuè qiú huá xiáng
月球上几乎没有空气，航天飞机不可能在月球滑翔

zhuó lù háng tiān fēi jī cóng dì miàn qǐ fēi shí shì yì méi huǒ jiàn jìn rù huán
着陆。航天飞机从地面起飞时是一枚火箭，进入环

rào dì qiú guǐ dào hòu néng xiàng yǔ zhòu fēi chuán zài guǐ dào yùn xíng fǎn huí dì miàn
绕地球轨道后能像宇宙飞船在轨道运行，返回地面

dà qì céng hòu yòu biàn chéng fēi jī cóng gāo kōng huá xiáng zhuó lù
大气层后又变成飞机从高空滑翔着陆。

小问号

小朋友，乘坐航天飞机为什么不能到达月球？

yǔ hángyuán shì zěn yàng dēng yuè de
宇航员是怎样登月的

航天飞机是为穿越大气层和太空而设计的火箭动力飞机，是一种有翼、可重复使用的航天器，它结合了飞机与航天器的特点，像有翅膀的太空船，外形像飞机，是往返于地球与外层空间的交通工具。宇航员可先乘航天飞机，转乘轨道间飞行器，再乘坐登月舱就可以登月了。

小问号

小朋友，宇航员是如何登月的？

太阳与地球、月球的

"擂台赛"

xiǎo péng you xué xí le yǒu guān yǔ zhòu de cháng shí wǒ men zhī dào le

小朋友，学习了有关宇宙的常识，我们知道了

tài yáng dì qiú yǔ yuè qiú de jī běn tè diǎn jí qí xiāng hù guān xi gǎn kuài

太阳、地球与月球的基本特点及其相互关系。赶快

tián chōng xià miàn de biǎo gé jìn xíng duì zhào jì yì ba

填充下面的表格，进行对照记忆吧。

太阳与地球、月球的关系表

	太阳	地球	月球
所属系统	太阳系	太阳系、地月系	地月系
星统性质	恒星	八大行星之一	地球的卫星
年 龄			
形 状			
大 小			
颜 色			
自转、公转			

你知道星星的奥秘吗

星星是夜空中闪烁发光的天体，我们用肉眼可见，分为恒星、行星和卫星。星星有哪些奥秘呢？

宇宙中有多少颗星星

晴朗的夜空繁星璀璨，闪烁不停，多得数也数不清。宇宙中有千亿个与银河系类似的星系，每个星系内有千亿颗星星。

小问号

小朋友，夜空的星星数得清吗？

肉眼可见的星星有多少颗

星星是夜晚天空中闪烁发光的天体。在人烟稀少的地方,人们用肉眼可看见6000～7000颗星星,在城市,由于污染,加上霓虹灯、电灯、路灯和汽车灯较多,星星的光亮被掩盖了,只能看见几百颗星星。

小问号

小朋友,在城市的夜空,通常用肉眼可看见多少颗星星?

星星的寿命有多长

古往今来，沧海桑田，星星似乎没有任何变化，人们把它们看作永恒的象征。其实，星星并不永恒，每个天体都有其诞生和灭亡的必然过程，很多亿年以后太阳、地球与月球都会消失。太阳只是亿万颗恒星中普通的一颗，大部分星星都和太阳的命运相似，它们都有100多亿年的寿命。大质量恒星因为辐射能量过快会迅速走向生命终点，质量小的恒星内部核反应进行得相对缓慢，寿命就要长得多。

小问号
小朋友，星星是永恒的吗？

为什么星星不会从天空坠落到地上

天空会降落雨雪，白云飘在天上不会降落，星星会从天空坠落到地上吗？当然不会。由于太阳、地球与星星都沿着自己的轨道运行，星星在天空不同方向受到的万有引力是平衡的，因此，它们不会从天空降落下来。

小问号

小朋友，星星会从天空坠落到地上吗？为什么？

大星星会吞食小星星吗

俗话说:"大鱼吃小鱼,小鱼吃虾"。大星星会吞食小星星吗?当然会。银河系中的恒星约有4000亿颗,两颗挨得很近的恒星会彼此围绕着旋转。通常大恒星在旋转过程中会不断地吞食身边的小星星,把小星星的外壳剥下来吸附到自己身上,小星星就会越来越小。

 小问号

小朋友,银河系中有多少颗恒星?大星星会吞小星星吗?

为什么星星是五颜六色的

我们在夜晚用肉眼看星星发现有的星亮、有的星暗，用望远镜观察就会发现有红色、黄色、蓝色、白色的星星在天空闪烁，五颜六色，璀璨耀眼。原来，星星的温度不同，光的成分就不同，比如：星星表面温度越高，蓝光成分就越多，看上去呈蓝白色；星星表面温度越低，红光成分就越多，看上去呈红色。

小问号

小朋友，星星为什么是五颜六色的？

白天为什么看不见星星

日观太阳，夜观星空。晴天的夜空，有无数星星在一闪一闪眨着眼睛。其实，白天也有星星挂在天空，只是白天有太阳照射，太阳光过于强烈，把星光遮住了，我们就看不见星星了。

小问号

小朋友，白天有星星吗？为什么白天看不见星星？

星星真的会眨眼睛吗

星星一闪一闪的，看起来像眨眼睛。星星是天体，不是生物，没有长眼睛，它不可能眨眼睛。由于天上的星星距离我们很遥远，它的光要穿过地球上空的大气层才能传到我们的眼睛，空气不停地流动会造成光的折射，看起来就像是星星在调皮地向我们眨眼睛。

小问号

小朋友，为什么星星看起来像在眨眼睛？

xiǎo péng you　qǐng nǐ gěi shuō fǎ zhèng què de xiǎo huǒ bàn huà shàng yì duǒ xiǎo
小朋友，请你给说法正确的小伙伴画上一朵小
hóng huā
红花。

宇宙中有千亿个与银河系类似的星系，每个星系内有千亿颗星星，星星多得数也数不清。

太阳是亿万颗恒星中的一颗，大部分星星都有 100 多亿年的寿命。

银河系中约有 4000 亿颗恒星，大恒星在旋转过程中会吞食身边的小星星。

星星在夜空闪烁，璀璨耀眼，而白天阳光强烈，我们就看不见星星了。

太阳系是以太阳为中心，和所有受到太阳引力约束的天体集合体，它包括八大行星和上百万颗小星星。行星是环绕太阳且质量够大的天体，大行星有8个，合称八大行星。从2006年8月24日11时起，太阳系八大行星是水星、金星、地球、火星、木星、土星、天王星和海王星，冥王星被驱逐出了行星家族。

小问号

小朋友，你知道太阳系的八大行星吗？

八大行星有哪些独特的奥秘

行星自身不发光，环绕着恒星。太阳系有八大行星，它们有哪些奥秘呢？

水星

水星位于太阳系八大行星最内侧，距离太阳最近，是太阳系中最小、运动速度最快、温差最大的行星。由于水星靠近太阳，在阳光照耀下通常看不见它。

水星外貌似月球，有上千个大小不一的环形山，还有辐射纹、平原、裂谷、盆地等地形，它的北极有冰。水星是类地行星，内部像地球，分为壳、幔和核三层。在八大行星中水星的密度仅次于地球。

金星

金星距离地球最近，是太阳系中火山数量最多、唯一没有磁场的行星，在夜空中亮度仅次于月球，它没有卫星。金星上火山密布，天空是橙黄色的，有强烈的温室效应，不存在液态水，常降落腐蚀性的酸雨，有雷电，大气压为地球的90倍，二氧化碳多，严重缺氧。金星是类地行星，平均密度仅次于地球与水星，内部结构和地球相似，有个直径3000千米的铁质内核，质量与地球相差不多，被称为地球的"姐妹星"。

小问号

小朋友，金星为什么被称为地球的"姐妹星"？

地 球

地球距离太阳第三近，是太阳系中直径、质量和密度最大的类地行星。地球自西向东自转，同时围绕太阳公转。地球起源于原始太阳星云，现有40～46亿岁，有一颗天然卫星月球，二者组成地月系统。地球是两极稍扁、赤道略鼓的不规则椭圆球体，地表71%为海洋，29%为陆地，在太空上看地球呈蓝色。地球内部结构有核、幔和壳，外部有水圈、大气圈和磁场。

小问号
小朋友，地球有什么特点？

火星

火星属于类地行星，和地球一样有高山、平原和峡谷，遍布沙丘、砾石，沙尘悬浮，每年有沙尘暴发生。地表有赤铁矿氧化铁，外表呈鲜艳的橘红色，荧光像火。火星的大气以二氧化碳为主，大气稀薄，寒冷干燥，平均温度-55℃，水和二氧化碳易冻结。由于火星比地球离太阳远，火星每个季节的时间比地球长一倍，每个季节都比地球要寒冷。

小问号

小朋友，为什么火星的外表呈鲜艳的橘红色？

火星曾经温暖湿润，大部分表面有液态水，现今的水主要以冰的形式隐藏在地表下，两极有水冰与干冰组成的极冠，会随季节消长。环绕火星的卫星证实火星上的陨石坑曾是火山湖，科学家认为火星上的古湖泊可能有数千年甚至数百万年历史。

小问号

小朋友，火星上有水吗？

木星

木星是颗扁球体，自转是逆时针方向，周期大约是9小时50分30秒，它是太阳系八大行星中体积最大、自转最快的行星。木星的质量为太阳的千分之一，是太阳系其他七大行星质量总和的2.5倍。

木星的四个卫星都被它的磁层屏蔽，能免遭太阳风的袭击。

木星和地球一样，周围有条辐射带。木星和土星一样拥有光环，由亮环、暗环和晕组成，形状像个薄圆盘，弥散透明。

木星与土星、天王星、海王星皆属气体行星，四者合称类木行星。

小问号

小朋友，木星有哪些特点？

木星直径是地球的 11 倍，密度低于类地行星。木星大气中81%是氢气，18%是氦气，表面的大气压是地球的 10 倍。木星有太阳系中最大的磁气圈，比地球大 100 多倍，磁场强度是地球的 14 倍，和地球一样在极区有极光，强度为地球的 100~1000 倍。木星是巨大的液态氢星球，正在向宇宙空间释放巨大能量。木星内部的高温会妨碍生命形成，故不可能存在任何类似地球的生命。

小问号

小朋友，木星上存在生命吗？

土星
tǔ xīng

土星的体积和自转速度仅次于木星，是八大行星中形状最扁、唯一有明显光环的行星，有82颗卫星。土星内部与木星相似，有氢和氦包围的核心，岩石构成与地球相似，密度更高，它有对称的磁场，强度介于地球和木星。土星有太阳系独一无二的极地旋涡，它和地球飓风都有无云或少云的中央眼，但比地球更大，旋转速度更快。土星有四季，每季达7年多，因为离太阳遥远，夏季也极其寒冷。

小问号

小朋友，土星的四季有什么特点？

天王星

天王星的质量约是地球的 14.5 倍，阳光强度为地球的 1/400，有 27 颗天然卫星，还有 13 个圆环的行星环系统，它像木星光环一样暗，又像土星光环一样直径很大。天王星是岩石核，中间是冰的地函，

外壳是氢、氦组成的。它的大气成分是氢和氦，还有水、氨和甲烷结成的"冰"，是太阳系内大气层最冷的行星，大气层朝自转方向可体验强风。多数行星有南北两极磁场，天王星的磁场有多个极。

小问号

小朋友，天王星有什么特点？

海王星

海王星是远日行星，质量约是地球的17倍，有14颗天然卫星，它的光环十分暗淡，在地球上只能观察到暗淡模糊的圆弧而非光环，肉眼看不到海王星。它的大气层以氢和氦为主，还有微量甲烷，呈现出淡蓝色光。

海王星有磁场和极光，大气有太阳系中的最高风速，有太阳系类木行星中最强烈的风暴。海王星核心温度7000℃～8000℃，云顶温度是-218℃，它是太阳系中距离太阳最远的行星，位于太阳系最冷的地区之一。

小问号

小朋友，海王星有哪些特点？

你知道水星的特点吗

在太阳系的八大行星中,水星拥有一些特别之处,比如:

离太阳距离最近

水星和太阳的平均距离为5790万千米,比太阳系其他的行星近,目前还没发现比水星更近太阳的行星。

轨道速度最快

水星距离太阳非常近,受到的太阳引力很大,它的轨道速度比任何行星都快,只用15分钟就能环绕地球一周。

表面温差最大

因为水星距离太阳非常近，又没有大气调节，在太阳烘烤下，向阳面的温度最高达430℃，背阳面的夜间温度会降到-180℃，它的昼夜温差超过600℃，获得了行星表面温差大的冠军，是一个冰火两重天的世界。

卫星最少

太阳系中发现了越来越多的卫星，总数超过60个，但水星和金星是根本没有卫星的行星。

shí jiān zuì kuài
时间最快

yī　shuǐ xīng nián
（一）水星年

shuǐ xīng jì yào rào tài yáng gōng zhuàn　yòu yào jìn xíng zì zhuàn　dì qiú měi
水星既要绕太阳公转，又要进行自转。地球每

nián rào tài yáng gōng zhuàn yì quān　　shuǐ xīng nián　shì tài yáng xì zhōng zuì duǎn de
年绕太阳公转一圈，"水星年"是太阳系中最短的

nián　shuǐ xīng shì tài yáng xì zhōng gōng zhuàn sù dù zuì kuài de xíng xīng　tā rào tài
年。水星是太阳系中公转速度最快的行星，它绕太

yáng gōng zhuàn yì zhōu zhǐ yòng yuē　　tiān　hái bú dào dì qiú shàng de　gè yuè
阳公转一周只用约88天，还不到地球上的3个月。

小问号

小朋友，太阳系中公转速度最快的行星是哪颗？

（二）水星日

在太阳系的行星中，"水星年"时间最短，"水星日"却比别的行星长。水星公转一周约是88天，自转一周是58.646天，地球自转一周是一昼夜，而水星自转三周才是一昼夜。水星的一昼夜相当于地球的176天，而水星正好公转了两周。

 小问号

小朋友，水星的一昼夜相当于地球的多少天？

128

水星文化知多少

shuǐ xīng wén huà zhī duō shao

1976年，国际天文学联合会为水星上的环形山命名，在310多个环形山中，有15个以中国历史人物命名：伯牙是春秋时的音乐家，蔡琰是东汉末女诗人，李白和白居易是唐代诗人，董源是五代十国时南唐的画家，李清照是南宋女词人，姜夔是南宋音乐家，梁楷是南宋画家，关汉卿和马致远是元代戏曲家，赵孟頫是元代书画家，王蒙是元末画家，朱耷是清初画家，曹霑又名曹雪芹，是清代文学家，鲁迅是中国现代文学家。

小问号

小朋友，以中国女性命名的水星环形山有哪些？

129

xiǎo péng you　qǐng nǐ gěi shuō fǎ zhèng què de xiǎo huǒ bàn huà shàng yí miàn xiǎo
小朋友,请你给说法正确的小伙伴画上一面小

hóng qí
红旗。

行星是环绕太阳且质量够大的天体,太阳系八大行星是金星、土星、木星、水星、地球、火星、天王星和冥王星。

水星是太阳系中最小、运动速度最快、温差最大的行星,由于距离太阳最近,在阳光照耀下通常看不见它。

金星是类地行星,内部结构和地球相似,有个铁质内核,质量与地球相差不多,被称为地球的"姐妹星"。

木星是太阳系中体积最大、自转最快的行星,光环由亮环、暗环和晕组成,形状像个薄圆盘,光环非常亮眼。

火星地表冰冷荒凉

为什么叫"火星"

火星没有磁场，大气层以二氧化碳为主，大气稀薄，寒冷荒凉。火星基本上是沙漠行星，地表遍布沙丘、砾石，空气中沙尘悬浮，常发生沙尘暴。火星地表的泥土中有很多铁锈成分，氧化铁是红色的，看上去像一个熊熊燃烧的火球，因此，人们就给它取名为"火星"了。

小问号

小朋友，火星因何而得名？

火星上也有生命吗

huǒ xīng shàng yě yǒu shēng mìng ma

火星地表遍布沙丘、砾石，大气层以二氧化碳为主，大气稀薄，非常干燥，每个季节都比地球寒冷。火星没有稳定的液态水，水只在低海拔区短暂存在，两极有水冰和干冰组成的极冠，含有大量的冰，会随着季节消长。火星到地球的最近距离约为5500万千米，最远距离超过4亿千米，是最像地球的行星。但是，目前还没发现火星上有生命存在。

小问号

小朋友，火星上存在生命吗？

wèi shén me tǔ xīng tè bié qīng
为什么土星特别轻

土星与木星、天王星和海王星同属类木行星，它的体积仅次于木星。土星有黄色的土星环，耀眼夺目，非常美丽。土星主要由氢组成，还有少量的氦和微量元素，它的内核包括岩石和冰，外围由数层金属氢和气体包覆着。土星是由氢和氦等较轻的元素构成的，平均密度约为 0.70 克/立方厘米，比密度为 1 克/立方厘米的水还要轻，它可以浮在水面上。

小问号

小朋友，土星可以浮在水面上吗？

133

类地行星和类木行星的区别

太阳系八大行星分为类地行星和类木行星，它们的主要区别有：类地行星质量小，类木行星质量大；类地行星平均密度高，类木行星平均密度低；类地行星主要由重物质组成，有铁核，金属元素含量高，有固体表面，类木行星以氢、氦、氖等轻物质为主，没有固体；类地行星都无光环，类木行星都有光环；类地行星接近太阳，温度较高，类木行星远离太阳，温度较低。

小提示
太阳系中水星、金星、地球和火星为类地行星。

木星和土星对地球的影响

木星和土星的运行轨道使地球处于椭圆轨道中运行，并与太阳保持适当距离，适宜生命繁衍。据国外媒体报道，太阳系中的木星和土星会对地球产生较大影响，甚至无法孕育生命。计算机模型显示，土星轨道倾斜20° 将使地球轨道比金星轨道更接近太阳，这将导致火星完全离开太阳系。如果土星轨道向太阳方向移动 10% 所形成的牵引力会导致地球轨道延伸数千万千米。

小问号

小朋友，木星和土星对地球有什么影响？

135

"钻石海"是怎么回事

研究显示，海王星和天王星表面可能有液态钻石海洋，海面漂浮着体积庞大、似冰山的固体钻石。科学家用激光轰击钻石，在4000万倍零海拔压力下钻石变成了液态；当压力降至零海拔1100万倍，温度降至 5×10^5 ℃，固体钻石形成了，奇怪的是固态钻石漂浮在液态钻石上像"钻石冰山"。海王星和天王星是超大气态行星，10%成分是碳元素，存在类似钻石液化的超高温和压力，液态钻石海洋将倾斜磁场离开行星旋转轴线。科学家认为，钻石海洋解释了海王星和天王星磁极偏离地理极60°倾斜之谜，也解释了为什么它们10%的成分为碳元素。

小问号

小朋友，海王星和天王星表面是否存在液态钻石？

八大行星特点表

bā dà xíng xīng tè diǎn biǎo

xiǎo péng you   nǐ zhī dào bā dà xíng xīng de tè diǎn ma   gǎn kuài wán chéng

小朋友，你知道八大行星的特点吗？赶快完成

xià miàn de biǎo gé ba

下面的表格吧。

	水星	金星	地球	火星	木星	土星	天王星	海王星
离太阳距离								
形状								
颜色								
大小								
质量								
运动速度								
亮度								
温度								
有无光环								
主要成分								
有无水源								
有无生命								

xiǎo péng you　　nǐ zhī dào bā dà xíng xīng zhī zuì ma　　gǎn kuài jiāng tā men lián

小朋友，你知道八大行星之最吗？赶快将它们连

xiàn ba

线吧。

tài yáng xì zhōng zuì xiǎo　yùn dòng zuì kuài qiě lí tài yáng zuì jìn de xíng xīng

1.太阳系中最小、运动最快且离太阳最近的行星

jīn xīng
金星

tài yáng xì shēng mìng kě néng de dàn shēng dì

2.太阳系生命可能的诞生地

shuǐ xīng
水星

tài yáng xì zhōng zuì dà qiě zì zhuàn zuì kuài de xíng xīng

3.太阳系中最大且自转最快的行星

dì qiú
地球

tài yáng xì zhōng wéi yī méi yǒu cí chǎng　yè kōng zhōng zuì liàng de xíng xīng

4.太阳系中唯一没有磁场、夜空中最亮的行星

huǒ xīng
火星

tài yáng xì zhōng yǒu zuì gāo fēng sù　zuì qiáng liè fēng bào de xíng xīng

5.太阳系中有最高风速、最强烈风暴的行星

mù xīng
木星

tài yáng xì zhōng wéi yī yǒu shēng mìng cún zài de xíng xīng

6.太阳系中唯一有生命存在的行星

tǔ xīng
土星

wéi yī yǒu míng xiǎn guāng huán de xíng xīng

7.唯一有明显光环的行星

tiān wáng xīng
天王星

tài yáng xì nèi dà qì céng zuì lěng de xíng xīng

8.太阳系内大气层最冷的行星

hǎi wáng xīng
海王星

什么是矮行星

冥王星原本被列为行星，后来它又被划为矮行星，是太阳系内已知体积最大、质量第二大的矮行星。矮行星又称"侏儒行星"，体积介于行星和小行星之间，围绕恒星运转，质量足以克服固体引力以达到流体静力平衡形状，没有清空所在轨道上的其他天体，同时不是行星，太阳系的矮行星有冥王星、谷神星、卡戎星和齐娜星等。

小问号

小朋友，太阳系的矮行星有哪些？

北极星为什么
固定不动

在正北方天空有七颗星星特别亮，七颗星连成了一把勺子的形状，因此得名"北斗七星"。它在靠近地球北极指向的天空，又称北极星或紫微星。地球围绕地轴进行自转，北极星处在地轴的北部延长线上，一年四季我们看北极星像在正北方不动，觉得地轴一直指向北极星。地球绕太阳公转，地轴倾斜方向变化，北极星距离地球远大于地球公转半径，地轴变化可以忽略不计，肉眼观察不到细微变化。

小提示

北极星是能见亮度和位置较稳定的恒星，可靠它导航。

nǎ kē xīng xing zuì liàng
哪颗星星最亮

在天空正北方的北斗七星特别亮，而天狼星是冬季夜空中最亮的恒星，它实际是一个双星系统。天狼星的英文名来源于希腊语，有"烧焦"的意思。天狼星是一颗蓝白星，它的体积比太阳大，表面温度比太阳高，高达10000℃，因此是冬季夜空中最亮的星星。

小问号

小朋友，冬季夜空中最亮的星星是哪颗？

白天也能看见的
星星是哪颗

白昼观日，黑夜赏月数星星。难道白天没有星星吗？其实，白天也有星星，但是看不见，因为太阳光太强烈，把星光遮住了。不过，白天是可以看见一颗星星的，那就是金星，它在夜空中的亮度仅次于月亮。金星在中国古代又称为长庚、启明、太白、太白金星，在日出稍前或者日落稍后是它最明亮的时刻。

小问号

小朋友，金星在什么时候最明亮？

冬夜为什么能看见更多的星星

人们常说"夜观星相"，是因为黑夜里繁星闪烁，星光璀璨。其实，冬夜里能看见更多的星星，因为很多比较亮的星星会在冬天出现，冬天的星空显得更亮。冬季的星空中亮星比较多，有8颗一等星，比如小犬座、大犬座、英仙座、猎户座、双子座、御夫座、金牛座、龙骨座等，形状比较明显；而夏季星空相比就稍微逊色了，只有4颗一等星。

流星雨是怎样产生的

liú xīng yǔ shì zěn yàng chǎn shēng de

宇宙中有许多按照一定轨道运行的宇宙尘粒，它们与地球大气摩擦燃烧后形成了流星雨。一次流星雨会有上万颗流星，一颗颗灿烂耀眼的流星从天空一划而过，就像节日中人们燃放的礼花那样壮观。由于宇宙尘粒很小，它们通过地球大气层的速度很快，与空气发生摩擦后燃烧掉了，所以流星雨不会落地。

小问号

小朋友，流星雨会落地吗？

你知道落到地球上的最大陨石吗

大流星在经过地球大气层时没完全烧毁的部分掉落地面的是陨星。陨星形状各异，分为陨石、陨铁、陨铁石和陨冰。较大尘埃与地球大气层摩擦后产生高温并燃烧就会形成火流星，如果火流星燃烧不尽就会坠落在地表形成陨石。陨石92%以上为石质，它与地球岩石非常相似。

最大的陨石是吉林1号陨石，重1.77吨。

小问号

小朋友，陨星分为哪几种？

145

xiǎo péng you　qǐng nǐ gěi shuō fǎ zhèng què de xiǎo huǒ bàn huà shàng yì duǒ xiǎo
小朋友,请你给说法正确的小伙伴画上一朵小

hóng huā
红花。

在正北方天空有七颗星星特别亮,它们连成了一把勺子的形状,称为"北斗七星"。因为靠近地球北极指向的天空,又称北极星或紫微星。

天狼星是一颗蓝白星,它的体积比太阳大,表面温度比太阳高,是冬季夜空中最亮的星星。

金星在中国古代又称为长庚、启明、太白金星,在日出稍前或者日落稍后是它最明亮的时刻,在夜空中的亮度仅次于月亮。

宇宙尘埃与地球大气层摩擦燃烧会形成火流星,没完全烧毁掉落地面的是陨星。陨星形状各异,分为陨石、陨铁、陨铁石和陨冰。

宇宙星球年龄大比拼
yǔ zhòu xīng qiú nián líng dà bǐ pīn

xiǎo péng you　nǐ zhī dào yǔ zhòu　tài yáng　dì qiú hé yuè liang de nián líng
小朋友，你知道宇宙、太阳、地球和月亮的年龄

ma　gǎn kuài gěi tā men àn zhào dà xiǎo pái xù ba
吗？赶快给它们按照大小排序吧。

yǔ zhòu de nián líng shì
宇宙的年龄是 ＿＿＿＿＿＿ 岁；
　　　　　　　　　　　　　　　suì

tài yáng de nián líng shì
太阳的年龄是 ＿＿＿＿＿＿ 岁；
　　　　　　　　　　　　　　　suì

dì qiú de nián líng shì
地球的年龄是 ＿＿＿＿＿＿ 岁；
　　　　　　　　　　　　　　　suì

yuè liang de nián líng shì
月亮的年龄是 ＿＿＿＿＿＿ 岁。
　　　　　　　　　　　　　　　suì

按照年龄大小排序：

＿＿＿＿ ＞ ＿＿＿＿ ＞ ＿＿＿＿ ＞ ＿＿＿＿ ＞

第三章

太空大揭秘

huǒ jiàn wèi shén me kě yǐ zài
火箭为什么可以在
dà qì céng wài fēi xíng
大气层外飞行

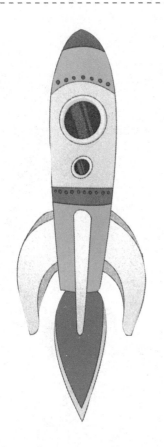

1926 年 3 月 16 日，美国的火箭专家戈达德研制的世界第一枚液体燃料火箭试飞成功。火箭自身携带燃料和助燃剂，能够在大气层外飞行。当火箭发动机工作时，喷射出的高速气体会给火箭施加一个反作用的助推力，促使火箭的速度发生变化。随着燃料和助燃剂的消耗，火箭在飞行过程中不断地减轻质量，飞行速度也越来越大。

小问号

小朋友，世界第一枚液体燃料火箭是谁研制的？

20世纪80年代，出现了能部分重复使用的航天飞机，具有航天器和运载工具的功能。航天飞机主要由轨道器、助推器和外燃料箱组成，能往返于地面和近地轨道之间。轨道器是航天飞机的主体，它的形状像一个三角翼飞机，因此被称为航天飞机。轨道器能在轨道上运行7～30天，它可以重复使用100次以上。

小问号

小朋友，航天飞机具有什么功能？

空天飞机有什么特点
kōng tiān fēi jī yǒu shén me tè diǎn

航天飞机只能部分重复使用，后来研制出可以全部重复使用的航空航天飞机，简称空天飞机。空天飞机能像飞机一样水平升起降落，它既能在地球大气层中飞行，又能在太空中飞行，可以作为

快捷的洲际运输工具。空天飞机的水平起飞技术难度大，通常由大型飞机驮载到空中起飞。

小问号

小朋友，空天飞机有哪些特点？

你知道人造卫星吗

卫星是指在宇宙中所有围绕行星在轨道上运行的天体，环绕哪一颗行星运转，就把它叫做哪一颗行星的卫星。卫星可以人工制造，人造卫星就是人工制造的卫星。1957年10月4日，苏联发射了世界上第一颗人造卫星，中国于1970年4月24日发射了第一颗人造卫星"东方红一号"。科学家用火箭把人造卫星发射到预定的轨道，使它环绕着地球或其他行星运转，以便进行探测或科学研究。

小问号

小朋友，中国发射的第一颗人造卫星叫什么？

153

xiǎo péng you　qǐng nǐ gěi shuō fǎ zhèng què de xiǎo huǒ bàn huà shàng yí miàn xiǎo
小朋友,请你给说法正确的小伙伴画上一面小
hóng qí
红旗。

　　航天飞机主要由轨道器、助推器和外燃料箱组成,能往返于地面和近地轨道之间,具有航天器和运载工具的功能。

　　空天飞机能像飞机一样水平升起降落,它既能在地球大气层中飞行,又能在太空中飞行,可以作为快捷的洲际运输工具。

　　卫星是指在宇宙中所有围绕行星在轨道上运行的天体,环绕哪一颗行星运转,就把它叫做哪一颗行星的卫星。

你知道星球探测器吗

为了探索宇宙太空的秘密，科学家们研制出了各种星球探测器，它们可以飞行前往行星、小行星、卫星和彗星，并着陆考察星球的秘密，有的星球探测器还能进行太阳系以外的生物探查，并将携带的地球和人类音像信息传递给外星

生命，如果被外星人截获，他们就可以与地球人类联系。目前，已经有探测器对太阳、金星、木星、水星、火星、土星、天王星和海王星进行探测。

小问号

小朋友，目前已有探测器对哪些天体进行探测？

155

太空有空气吗

太空是指地球大气层以外的宇宙空间，大气层空间以外的整个空间。广阔无垠的太空是黑暗寂静的，宇航员到太空需要穿宇航服，因为地球周围的空气是由于地球的重力作用聚合起来的，太空处于无重力状态，即失重状态，它无法形成空气。当然，太空不是真空，并不是完全没有一点儿空气，而是氧气极少。其实，太空中除了氧气之外，还存在氢、氦、尘埃和粒子流等各种星际物质。

小问号

小朋友，太空是真空吗？

太空的平均温度是多少

guǎng kuò wú yín de yǔ zhòu kōng jiān shì hēi àn jì jìng de zì yǔ zhòu
广阔无垠的宇宙空间是黑暗寂静的。自宇宙
dà bào zhà yǐ hòu suí zhe yǔ zhòu de péng zhàng wēn dù bú duàn jiàng dī suī
大爆炸以后，随着宇宙的膨胀，温度不断降低。虽
rán yǒu héng xīng xiàng wài fú shè rè néng dàn héng xīng de shù liàng yǒu xiàn ér qiě
然有恒星向外辐射热能，但恒星的数量有限，而且
shòu mìng yě yǒu xiàn yǔ zhòu de zǒng tǐ wēn dù shì zhú jiàn xià jiàng de jīng guò
寿命也有限，宇宙的总体温度是逐渐下降的。经过
duō yì nián de lì chéng tài kōng yǐ jīng chéng wéi gāo hán de huán jìng jù
100多亿年的历程，太空已经成为高寒的环境。据
kē xué jiā men tuī duàn tài kōng de píng jūn wēn dù shì duì yǔ
科学家们推断，太空的平均温度是-270.3℃。对宇

zhòu dà bào zhà shí yí
宙大爆炸时遗
liú zài tài kōng de wēi
留在太空的微
bō bèi jǐng fú shè de
波背景辐射的
yán jiū zhèng míng tài
研究证明，太
kōng de píng jūn wēn dù
空的平均温度
wéi
为-270.3℃。

小问号

小朋友，你知道太空的平均温度吗？

为什么太空看起来很黑暗

自宇宙大爆炸以后，随着宇宙膨胀温度不断降低。广阔无垠的宇宙空间是黑暗寂静的，因为太空中的可见光很少。可见光是指人们肉眼能够看见的光。宇宙在不断地膨胀，远处的可见光就渐渐变弱了。由于太空中的可见光很少，没有光进入人的眼中，所以太空看起来就是黑暗的了。

小问号
小朋友，太空为什么看起来是黑暗的？

xiǎo péng you qǐng nǐ gěi shuō fǎ zhèng què de xiǎo huǒ bàn huà shàng yì duǒ xiǎo
小朋友,请你给说法正确的小伙伴画上一朵小

hóng huā
红花。

太阳系除地球外,其他行星都没有生物生存必须的环境条件,地球上的人类是太阳系里唯一的智慧生物,但不排除太阳系外存在生命的可能。

太空处于失重状态,但并不是真空,而是氧气极少,还存在氢、氦、尘埃和粒子流等各种星际物质。

随着宇宙膨胀温度不断降低,太空已经成为高寒的环境,平均温度是-270.3℃。

载入人类历史的
宇航员有哪些

宇航员的身体素质要好，才能适应在太空中的生活。苏联的尤里·加加林在1961年4月乘坐东方1号进入太空，他成为世界上第一名宇航员，国际航空联合会设立了加加林金质奖章。2003年10月15日杨利伟乘坐神舟五号成为中国首名宇航员。

小问号

小朋友，中国首名宇航员是谁？

为什么宇宙飞船在太空飞行没有声音

飞机飞行时我们会听见轰隆声,宇宙飞船在太空飞行却没有声音。各种天体向外辐射电磁波,太空既是一个强辐射的环境,又是一个高真空的环境。声音只有在空气中传播才能

被人们听见。由于太空中没有空气,声音无法在太空中进行传播。因此,宇宙飞船在太空中飞行是没有声音的。

小问号

小朋友,宇宙飞船在太空飞行为什么没有声音?

宇航员为什么能在太空生活

太空高寒、强辐射、高真空、失重，人和物处于漂浮状态，生活很不方便。

其实，宇航员也不能在太空中自由随意生活，他们的生活环境很特殊，比如：太空食物被制作成流质的，装在带

有吸食盖的餐具里，放在磁性盘子上，宇航员直接用吸管吸进肚子里；有专门为宇航员设计的睡袋。

小问号

小朋友，宇航员在太空中生活有什么特殊之处？

航天服有什么特殊之处

háng tiān fú yǒu shén me tè shū zhī chù

载人航天是最令人向往又是最复杂的航天活动，必须保障航天员的生命安全和正常生活。当航天员走出密封座舱时，就要依靠航天服来保障生命安全。航天服不但具有各种生命保障系统，而且有喷气背包和通信背包。在太空中，喷气背包能用6个方向喷气的反作用力推动航天员向前、后、左、右、上、下行走。由于太空中没有空气，不能传递声音，通信背包也便于航天员进行通信联系。

小问号

小朋友，航天服有什么特点？

在太空吃食物有什么特别之处

太空是个高真空、微重力的环境，人和物都处于失重漂浮状态。通常，太空食品体积小，重量轻，营养丰富，方便进食。宇航员吃的是经过特别加工的"牙膏管"或"压缩砖"食品，细嚼慢咽，食物残渣就不会四处乱飞了。人在太空中味觉容易失灵，目前太空食品种类丰富，能吃到肉饼、炖牛肉、面包、布丁、罐头、水果、蛋糕、点心、果冻、桃干、杏干、梨干等。

小问号

小朋友，太空食物已有哪些种类？

在太空饮水困难吗

太空没有液态水,宇航员口渴了需要饮水。在太空喝水,水不会乖乖地流到嘴巴里,必须用一根特制的吸管,水才会流进嘴里。水一旦被吸,会不听话地一个劲儿往嘴巴里流。只有关上吸管上的一个阀门,它才会流回杯子里去。

小问号

小朋友,在太空喝水有什么特殊性?

zài tài kōng shàng cè suǒ fāng biàn ma
在太空 上厕所方便吗

rén chǎn shēng le niào yì yào jí shí pái niào biē niào bú lì yú shēn tǐ jiàn
人产生了尿意要及时排尿，憋尿不利于身体健

kāng tài kōng shì gè gāo zhēn kōng wēi zhòng lì de huán jìng rén hé wù dōu chǔ
康。太空是个高真空、微重力的环境，人和物都处

yú shī zhòng piāo fú zhuàng tài yǔ háng yuán fāng biàn shí bì xū dào cè suǒ lǐ jiāng
于失重漂浮状态，宇航员方便时必须到厕所里，将

sù liào ruǎn guǎn jǐn tiē zì jǐ de pái xiè qì guān cái néng bǎo zhèng pái xiè wù bú
塑料软管紧贴自己的排泄器官，才能保证排泄物不

huì mǎn tiān fēi yóu yú rén tǐ de cháng zi yě shì chǔ yú piāo fú zhuàng tài de
会满天飞。由于人体的肠子也是处于漂浮状态的，

nèi zàng bù néng zhèng
内脏不能正

cháng gōng zuò dà
常工作，大

biàn huì hěn kùn nán
便会很困难，

yào huā fèi jiào duō
要花费较多

shí jiān
时间。

小问号

小朋友，在太空上厕所方便吗？

在太空行走困难吗
zài tài kōng xíng zǒu kùn nán ma

rén zài tài kōng chǔ yú shī zhòng piāo fú zhuàng tài xíng zǒu fēi cháng kùn nán
人在太空处于失重漂浮状态，行走非常困难，

shāo bù liú shén jiù huì piāo zǒu le yǔ háng yuán chuānshàng tè zhì de yǔ zhòu fú
稍不留神就会飘走了。宇航员穿上特制的宇宙服，

shǐ yòng ān quán dài hé
使用安全带和

gōng jǐ yǎng diàn de
供给氧、电的

qí dài yǔ háng tiān
"脐带"与航天

qì lián jiē zài yì qǐ
器连接在一起，

yǐ fáng zài tài kōng piāo
以防在太空飘

zǒu nián sū
走。1965年苏

lián yǔ háng yuán ā lǐ
联宇航员阿里

kè xiè liè áng nuò
克谢·列昂诺

fū jìn xíng le shì jiè háng tiān shǐ shàng dì yī cì tài kōng xíng zǒu qì jīn wéi zhǐ
夫进行了世界航天史上第一次太空行走，迄今为止

yǔ háng yuán yǐ shí xiàn le jìn bǎi cì tài kōng xíng zǒu
宇航员已实现了近百次太空行走。

小问号
小朋友，谁进行了世界航天史上第一次太空行走？

太空中为什么洗澡不容易

由于人和物在太空处于失重漂浮状态，人洗澡时需要固定住，水也会飘飞，洗澡当然不容易。宇航员洗澡时要把脚套在固定环里，否则飘浮的身体被水一冲会不停地翻跟头。失重状态下的水是一粒粒的小水珠，容易呛伤人、呛死人，宇航员还要戴上呼吸罩和护目罩。洗完澡后，还需要开动水泵将水和空气一起抽

走。在太空洗一次澡，洗澡时间要15分钟，准备工作和清理污水却要1～2小时。

小提示

航天员会用湿毛巾和洁齿纸进行日常清洁，较少沐浴。

宇航员在太空中是怎样睡觉的

宇航员在太空中疲倦劳累了，需要睡觉休息。每位宇航员都有一个带拉链的特制薄睡袋，睡觉前要先钻进睡袋中固定好，手臂也要放在睡袋中，否则可能碰到天花板或别人，还要带上耳塞防止噪音干扰。太空中的昼夜节律与地面不同，睡觉时得戴上一副黑色眼罩。至少有一人还需戴上通讯帽睡，如果发生故障，计算机会报警，地面工程师也可以通过无线电叫醒宇航员。

小问号

小朋友，宇航员在太空中睡觉有什么特别之处？

有哪些动物进入了太空

yǒu nǎ xiē dòng wù jìn rù le tài kōng

在人类进入太空之前，有果蝇、狗、猴子和黑猩猩等动物被送往了太空，它们为人类研究太空做出了贡献。虽然果蝇的体型非常小，但是它的遗传密码与3/4的已知人类疾病基因相匹配。阿尔贝是世界上第一名猴航天员，汉姆是首位被送入太空中的黑猩猩。

小问号

小朋友，世界上第一名猴航天员是谁？

"人外有人，天外有天。"可是，我抬头明明只看见一个天嘛。

那好办，你就登天去看看呗。

没听说过"难于上青天"吗？

人们常说"比登天还难"，可见，登天是可行的。宇航员不就登天了吗？

太空游项目始于 2001 年 4 月 30 日，太空已建有旅游景点和宾馆，吃穿住用都不用发愁。

哈哈，太棒啦！我要报名太空遨游。

太空宾馆每分钟自转 3 圈，产生类似地球的引力。参加旅游的人只要经过一般的体格检查，体能达到一定状况就可以了。

太空中有垃圾吗

我们每天在生活中产生的废弃物就是垃圾，而太空垃圾主要是人类在进行航天活动时遗弃在太空的各种物体和碎片，分为三类：一是用现代雷达能监视和跟踪的较大物体，主要有卫星、卫星保护罩和各种部件等；二是发动机等在空间爆炸时产生的小体积物体；三是核动力卫星及其产生的放射性碎片。

小问号

小朋友，太空垃圾主要分为哪三类？

太空垃圾有什么危害

太空垃圾的存在具有安全隐患，成为人造卫星和轨道空间站的潜在杀手，能严重威胁宇航员的安全，比如：直径 0.5 毫米的金属微粒可迎面戳穿密封的飞行服；肉眼无法辨别的油漆细屑、涂料粉末等尘埃能

使宇航员殒命；阿司匹林药片大的残骸可将人造卫星撞残。

小问号

小朋友，太空垃圾有哪些危害？

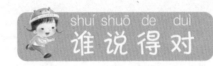

xiǎo péng you qǐng nǐ gěi shuō fǎ zhèng què de xiǎo huǒ bàn huà shàng yí miàn xiǎo
小朋友，请你给说法正确的小伙伴画上一面小

hóng qí
红旗。

在人类进入太空之前，有果蝇、狗、猴子和黑猩猩等动物被送往了太空，阿尔贝是世界上第一名猴航天员，汉姆是首位被送入太空中的黑猩猩。

太空垃圾主要是人类在太空进行航天活动时遗弃的各种物体和碎片，它们飞行会形成危险的垃圾带。

太空垃圾具有安全隐患，不仅可将人造卫星撞残，还能严重威胁宇航员的安全。